Espasa Práctico
haz tu vida más fácil

EL COLESTEROL

Espasa Práctico
haz tu vida más fácil

EL COLESTEROL

Juan Madrid Conesa

Prólogo de Valentín Fuster

ESPASA

ESPASA PRÁCTICO

Diseño de cubierta de la colección: Juan Pablo Rada
Diseño de interiores de la colección: Herederos de Juan Palomo
Ilustraciones e imagen de cubierta: Mario García

Depósito legal: M. 977-2001
ISBN: 84-239-3589-2

Impreso en España / Printed in Spain
Impresión: UNIGRAF, S. L.

Editorial Espasa Calpe, S. A.
Carretera de Irún, km 12,200. 28049 Madrid

A Carmen, mi mujer

Quiero mostrar mi agradecimiento al profesor Valentín Fuster por su amabilidad al escribir el prólogo de este libro. A la doctora Herminia Pascual por sus sugerencias. A Juana Aguilar por la ayuda prestada. A Victoria Esteban y Lola Cruz por la confianza que han depositado en mí.

A Santiago Cañizares por su colaboración en la redacción y a Mario García Ruiz por sus magníficas ilustraciones.

Carta al lector

En anteriores publicaciones, como el *Libro práctico de la diabetes,* pedí a los lectores que me escribieran una carta o un e-mail comentándome aquellos aspectos que no hubieran quedado suficientemente claros, con el fin de subsanarlos en las posteriores ediciones. También ahora solicito tu opinión y comentarios sobre la presente obra, pues ningún trabajo, por mucho que se revise, está exento de poder ser mejorado.

Si ya has leído el *Libro práctico de la diabetes,* podrás comprobar que los dos primeros capítulos son muy parecidos. El motivo no es otro que dichos capítulos describen el funcionamiento normal del organismo y algunas generalidades sobre los alimentos que nos conviene conocer, para adentrarnos después en el asunto que ahora nos ocupa: el colesterol y los triglicéridos.

¡Ah! Se me olvidaba. Si te gusta el libro, recomiéndaselo a otras personas.

Envía tu correspondencia a:

Juan Madrid Conesa
Servicio de Endocrinología
Hospital Universitario Virgen de la Arrixaca
Ctra. Murcia-Cartagena, s/n
El Palmar
30120 Murcia
e-mail: jumaco@masterole.com

Índice

Prólogo de Valentín Fuster 21

Capítulo 1

Funcionamiento normal de un organismo sano 23

Capítulo 2

Composición de los alimentos 27

Hidratos de carbono 27

Grasas 29

Funciones de la grasa 36

Transporte de la grasa en la sangre 37

Proteínas 40

Vitaminas 42

Minerales 43

Agua 44

Fibra dietética 44

Índice glucémico de los alimentos 46

Capítulo 3

El colesterol y los triglicéridos 48

El colesterol 48

Colesterol procedente de los alimentos 49

Calorías de la dieta 51

Influencia de las grasas, los hidratos de carbono y las proteínas sobre los niveles de colesterol en la sangre 51

Grasas 51

Hidratos de carbono 52

Proteínas 53

Fibra 53

Vitaminas y antioxidantes 53

Colesterol procedente del hígado 53

Funciones del colesterol 55
Los triglicéridos 56
¿De dónde vienen los triglicéridos que hay en la sangre? 56
¿Qué hacen en la sangre? 57
¿Qué funciones tienen? 58

Capítulo 4

Clasificación funcional de los alimentos y su influencia en el colesterol y los triglicéridos 59
Grupo I: La leche y sus derivados 59
Tipos de leche 59
Leche entera 59
Leche en polvo 61
Leche condensada 61
Leches modificadas 62
El yogur 62
Las leches fermentadas 64
Los postres lácteos 64
El queso 65
Tipos de queso 67
Grupo II: Carnes, pescados y huevos 68
Carne 68
Vísceras 70
Embutidos 71
Patés 72
Pescados y mariscos 73
Pescados 73
Moluscos y crustáceos 75
Características de los pescados frescos 76
Conservación del pescado 76
Huevos 79
Grupo III: Patatas, legumbres y frutos secos 80
Patatas 80
Legumbres: garbanzos, lentejas y habichuelas 82

Frutos secos 82
Grupo IV: Verduras y hortalizas 83
Grupo V: Frutas y sus derivados 87
Frutas desecadas 88
Frutas en almíbar 88
¿Fruta o zumo? 89
Mermeladas y confituras 91
Grupo VI: Cereales, pan, pasta, arroz y azúcar 92
Los cereales 92
El trigo 92
Las harinas 93
El pan 94
Errores más frecuentes sobre el consumo de pan 95
La pasta 96
El arroz 97
El maíz 98
El azúcar 98
Pasteles, dulces y galletas 100
Los cereales expandidos para el desayuno 101
El cacao 102
Los cacaos del desayuno 102
Chocolate 103
Bombones 103
Grupo VII: Aceites y grasas 103
El aceite 103
Análisis de los distintos aceites 104
Aceite de oliva 104
Otros aceites 107
La mantequilla 108
Las margarinas 109
La mayonesa 111
Las salsas finas 111
Otros productos 112
Los sucedáneos 112
Los helados 113

Las bebidas no alcohólicas 114
Las infusiones 115
Café 115
Té 116
Las bebidas alcohólicas 116
Sal 117
Especias 117
Vinagre 118
Normas generales de la dieta 118
Comida rápida 122

Capítulo 5

¿Por qué tengo el colesterol alto? 125
Hipercolesterolemias primarias 125
Hipercolesterolemia familiar 125
¿Cómo se puede diagnosticar a estos pacientes? 127
Hipercolesterolemia poligénica 128
Hipercolesterolemias secundarias 129

Capítulo 6

¿Por qué tengo los triglicéridos altos? 132
Hipertrigliceridemias primarias 132
Hiperlipemia familiar combinada 132
Hipertrigliceridemia familiar 134
¿Qué síntomas presentan las personas que padecen esta enfermedad? 135
¿Cómo se diagnostica? 135
Tratamiento 136
Hipertrigliceridemia secundaria 137

Capítulo 7

Por qué es perjudicial para la salud el exceso de colesterol: la arteriosclerosis 140
Composición de la sangre 140
Las arterias 141
Funcionamiento de las células de la pared arterial 144

La arteriosclerosis 146
Clasificación histiológica de las lesiones arterioscleróticas 151
Lesión de tipo I 151
Lesión de tipo II 152
Lesión de tipo III 154
Lesión de tipo IV 155
Lesión de tipo V 157
Lesiones de tipo VI o lesiones complicadas 158
Lesión de tipo VII o lesión calcificada 159
Lesión de tipo VIII 159
Cómo prevenir la arteriosclerosis 165
Factores que alteran el endotelio 167
El colesterol 167

Capítulo 8

Otros factores de riesgo que favorecen la artierosclerosis 169
La hipertensión arterial (HTA) 169
Sístole y diástole, alta y baja 170
Cifras y medidas 171
La obesidad 174
Alteraciones que produce la obesidad 176
El tabaco 176
La nicotina 177
El monóxido de carbono 178
Otros problemas 179
La diabetes 181
El estrés 182
Factores genéticos 182

Capítulo 9

¿Cuándo se deben tratar el colesterol y/o los triglicéridos con medicinas? 183
Valoración individualizada del riesgo cardiovascular .. 183

Prevención primaria 184
Prevención secundaria 185
¿Cuándo se deben tratar los triglicéridos con medicinas? . 186
Fármacos disponibles para el tratamiento de las hiperlipemias 187
Estatinas 187
¿Cómo actúan? 187
¿Tienen otras acciones además de disminuir el colesterol? 187
¿Cuánto disminuyen las LDL? 188
Entonces, ¿qué dosis hay que dar? 188
¿Qué efectos no deseables pueden tener? 188
¿Cuándo no se deben usarse, es decir, cuándo están contraindicados? 189
Fibratos 189
¿Cómo actúan? 189
¿Tienen otras acciones beneficiosas para el organismo? 189
¿Cómo afectan a otras medicinas? 190
¿Qué efectos no deseables pueden producir? 190
¿Cuándo no se deben emplear? 190
Resinas de intercambio 190
¿Cómo actúan? 191
¿Cuándo se deben tomar? 191
¿Qué eficacia tienen? 191
¿Qué precauciones debe adoptar una persona que esté tomando otra medicación si le prescriben estas resinas? ¿Cómo debe actuar? 191
¿Qué efectos no deseables pueden producir las resinas? .. 191
Aceites de pescado ricos en ácido omega 3 192

Capítulo 10

Tratamiento de un paciente con el colesterol y/o los triglicéridos altos 193
Historia clínica 193

Exploración física 196
Valoración individualizada del riesgo cardiovascular .. 198

Capítulo 11

Factores que protegen de la arteriosclerosis 201
Dieta 201
Ejercicio físico 201
¿Qué ocurre cuando se hace ejercicio? 203
Beneficios que aporta al organismo el ejercicio físico practicado de forma regular 205
Acción sobre el corazón 205
Acción sobre los vasos sanguíneos 206
Acción sobre el colesterol y la artierosclerosis 206
Acción sobre el metabolismo de la glucosa 207
Acción sobre el peso de las personas 207
Acción sobre los huesos y las articulaciones 207
Acción sobre la respiración 208
Acción sobre el sistema nervioso 208
Tipos de ejercicio físico 209
Gasto calórico de distintas actividades y ejercicios 210
Herencia genética 214
La siesta 215

Capítulo 12

El colesterol en el niño 217
¿Cuál es la cifra normal de colesterol en el niño? 217
Reflexiones sobre la relación entre padres e hijos y la alimentación 221
Variantes de una historia 223
Medidas que deberían tomarse para favorecer los buenos hábitos alimentarios 224

Capítulo 13

El colesterol en las personas mayores de sesenta y cinco años 226

Capítulo 14

Anticoncepción, embarazo y menopausia 229
Anticoncepción 229
Embarazo 231
Menopausia 231

Capítulo 15

El alcohol: su influencia sobre el colesterol y los triglicéridos 233
Calorías 234

Capítulo 16

Recetas de cocina para personas con alteraciones del colesterol y/o los triglicéridos 237
Dieta básica para personas de peso normal, con colesterol alto, triglicéridos altos o ambas cosas 237
Recetas 240

Apéndice

Tablas de composición de los alimentos y calorías 251

Prólogo

La divulgación científica es de gran importancia para la población en general. Contribuye a que las personas vayan adquiriendo conocimientos que con anterioridad sólo estaban al alcance de los profesionales.

Hace ya casi veinte años, la Organización Mundial de la Salud reconoció que sólo la participación activa del paciente en el control de la diabetes puede disminuir las complicaciones de esta enfermedad a largo plazo. Para que esta participación activa sea un hecho es necesario que el paciente conozca bien la diabetes, y para eso es preciso que la divulgación científica sea rigurosa y asequible a la mayoría de las personas.

Estas mismas premisas pueden aplicarse al colesterol, ya que es muy importante que sepamos qué es, cómo influye la alimentación y cuándo es preciso tratarlo.

Esta obra es un libro de divulgación científica en el que cualquier lector podrá encontrar respuesta a las dudas más comunes acerca del colesterol y los triglicéridos, sin que para entenderlo sea imprescindible poseer conocimientos previos sobre ellos.

Hay capítulos muy interesantes, como el que explica por qué el colesterol es perjudicial para la salud y cómo influye en la aparición de la arteriosclerosis. Partiendo de unos conocimientos mínimos, el autor explica todo el proceso de formación —apoyado por unas ilustraciones muy descriptivas— y conduce al lector hacia aspectos científicos más especializados, como la estabilización de la placa de ateroma y su importancia en la prevención de los accidentes cardiovasculares.

El colesterol es un factor de riesgo cardiovascular, pero no el único, por lo que también debemos prestar atención a la hipertensión, la diabetes o la obesidad. No fumar, hacer una dieta adecuada y practicar ejercicio físico de forma regular contribuye también a reducir la incidencia de los accidentes cardiovasculares.

Desde el punto de vista práctico, el capítulo dedicado a la alimentación y su influencia sobre el colesterol está muy bien estructurado y responde a la mayoría de las preguntas que los pacientes manifiestan a este respecto, tanto si tienen problemas con el colesterol como con los triglicéridos o con ambos lípidos.

Por último, quiero destacar el capítulo que trata el colesterol en la infancia, donde el autor ofrece una serie de consejos a todos aquellos padres que estén preocupados por la nutrición de sus hijos.

En resumen: se trata de un libro científico pero ameno, práctico y bien ilustrado, que ayudará a quien lo lea a comprender fácilmente cómo controlar sus niveles de colesterol.

VALENTÍN FUSTER

Capítulo 1

Funcionamiento normal de un organismo sano

Antes de hablar del colesterol y los triglicéridos, creo que es conveniente explicar cómo funciona el organismo de una persona sana.

Las sustancias que nosotros llamamos alimentos están formadas por distintos componentes, que en medicina reciben el nombre de nutrientes. Los principales son los hidratos de carbono, las grasas y las proteínas. Cada nutriente puede ser representado por una cadena. Según sea la forma de los eslabones —redondos, triangulares o cuadrados—, la cadena corresponderá a hidratos de carbono, grasas o proteínas. Los alimentos también aportan al organismo agua, vitaminas y minerales, que se representan como eslabones sueltos con otras formas.

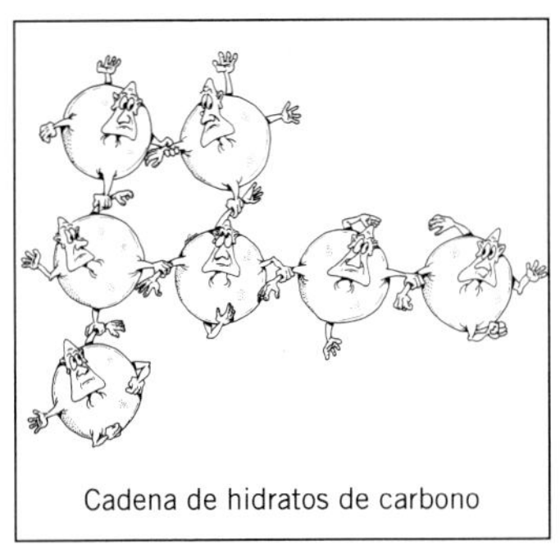

Cadena de hidratos de carbono

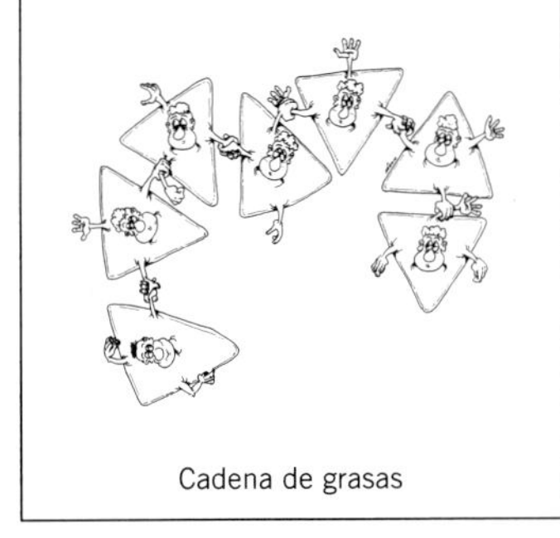

Cadena de grasas

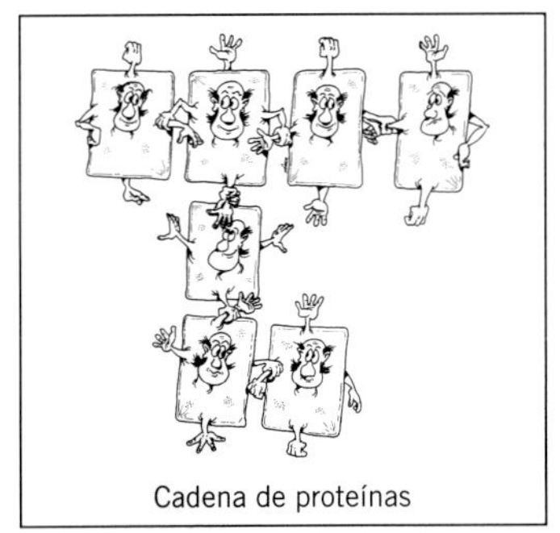

Cadena de proteínas

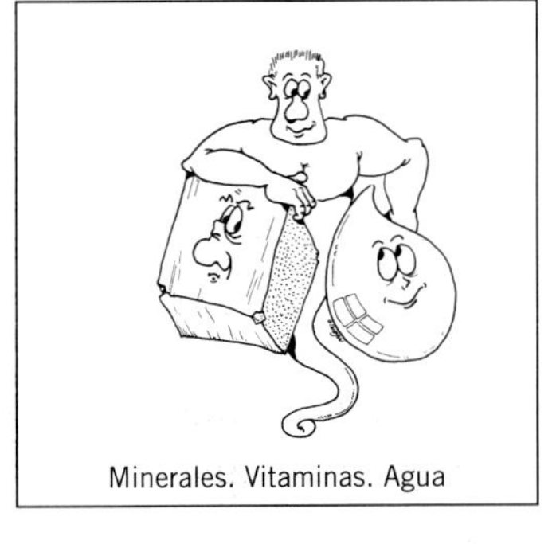

Minerales. Vitaminas. Agua

> **Recuerda**
>
> Los alimentos están formados por cadenas de hidratos de carbono, grasas y proteínas, y eslabones sueltos de agua, vitaminas y minerales, pero cada uno de ellos en una proporción diferente. Por ejemplo: las patatas tienen en su composición muchos hidratos de carbono y agua, pero pocas proteínas, vitaminas y minerales. La carne tiene muchas proteínas y muy pocos hidratos de carbono. Las peras tienen mucha agua, vitaminas y algunos hidratos de carbono. El pan tiene muchos hidratos de carbono y algunas proteínas.

Masticamos los alimentos para deshacerlos y con la saliva empezamos a romper las cadenas que los componen. Cuando los tragamos, llegan al estómago y allí continúa la digestión. Brevemente explicado, digerir consiste en romper las cadenas en trozos más cortos, por lo que cada vez habrá más cadenas, pero formadas por menos eslabones.

Cuando los alimentos están casi digeridos pasan al intestino. Allí culmina la separación de los eslabones, de forma que al completarse el proceso de digestión lo que tenemos son muchos eslabones sueltos, cada uno con su forma: redondos los que proceden de cadenas de hidratos de carbono, triangulares los de las grasas, cuadrados los de las proteínas, etc. Todos tienen un tamaño tan pequeño que atraviesan sin dificultad la pared intestinal, un filtro que sólo deja pasar a la sangre sustancias microscópicas como éstas, produciéndose así la absorción de los alimentos.

Uno de los nutrientes que hemos citado, los hidratos de carbono —que se representan como una cadena de eslabones redondos—, cuando se descomponen en eslabones sueltos dan lugar a una sustancia fundamental para el organismo denominada glucosa.

La glucosa es utilizada por todas las células del organismo como combustible y de ella depende su buen funcionamiento. Podríamos decir que la glucosa es para el cuerpo humano como la gasolina para un coche: aporta la energía suficiente para desarrollar con normalidad la actividad diaria después de penetrar en el interior de las células de los diversos órganos: corazón, pulmones, cerebro, etc. Para ello necesita una llave que abra las puertas de las células. Esta llave es la insulina. La insulina es una hormona que se fabrica en el páncreas, una glándula situada en el abdomen, detrás del estómago.

Repasemos lo expuesto hasta ahora. Cuando un organismo sano toma alimentos, comienza un proceso de digestión que separa las cadenas y las fracciona hasta que sólo quedan eslabones sueltos; algunos de ellos, como hemos visto, son de glucosa. Después se realiza la absorción. Todos los eslabones pasan a la sangre, incluidos los de glucosa. En ese momento, el páncreas segrega insulina, es decir, suelta a la sangre las llaves que han de abrir las puertas para que la glucosa entre en las células y éstas se puedan alimentar. Este sistema funciona con un equilibrio perfecto para que todas las células estén bien alimentadas y la sangre mantenga unos niveles de glucosa normales: entre 60 y 110 mg/dl, antes de las comidas, y hasta 140 mg/dl, dos horas después de ellas. Para mantener las cifras de glucosa dentro de los límites normales, la cantidad de insulina que ha de segregar el páncreas será proporcional a los hidratos de carbono ingeridos en las comidas. La alteración de este equilibrio da lugar a la enfermedad que conocemos como diabetes.

Habitualmente realizamos cuatro o cinco comidas al día en el período de tiempo que permanecemos despiertos, aunque nuestros órganos funcionan durante las veinticuatro horas del día. Es decir, la energía que aportamos al cuerpo en esas cuatro o cinco comidas el organismo la consume de forma continuada a lo largo del día. Para que esto sea posible, parte de la glucosa que ingerimos con los alimentos debe ser almacenada poco a poco por el hígado, de forma que en esos períodos de tiempo en que no comemos la glucosa pueda volver lentamente hacia la sangre y ser utilizada por el organismo. La glucosa almacenada recibe el nombre de glucógeno.

Podemos definir el glucógeno como una reserva de energía del organismo formada por muchas unidades de glucosa unidas entre sí, listas para ser utilizadas en aquellos períodos de tiempo en los que, o bien no comemos, o consumimos mucha energía; por ejemplo, al hacer ejercicio físico. Se almacena en el hígado con agua; esto es, a cada gramo de glucógeno hay unidos tres o cuatro gramos de agua.

Después de pasar un período de tiempo comiendo mucho, y una vez llenos los depósitos de glucógeno, el organismo es capaz de transformar el exceso de glucosa en grasa y guardarla en otros depósitos situados debajo de la piel, con lo que se produce un aumento de peso. En el proceso de transformación de la glucosa en grasa se emplea el 25% de la energía contenida en la glucosa.

Capítulo 2

Composición de los alimentos

Cualquiera de los alimentos que existen en la naturaleza está compuesto por una serie de sustancias nutritivas que, como recordarás, hemos comparado con cadenas. Dichas sustancias son:

- Hidratos de carbono.
- Grasas.
- Proteínas.
- Agua.
- Vitaminas
- Minerales.

Como ya sabemos, cada alimento tiene en su composición una proporción diferente de estas cadenas y ahora vamos a explicar en qué consiste cada una de ellas.

Hidratos de carbono

Los hidratos de carbono están compuestos por tres elementos: carbono, hidrógeno y oxígeno. Podemos distinguir entre hidratos de carbono simples e hidratos de carbono complejos.

Llamamos **hidratos de carbono simples** a los que están compuestos por uno o dos eslabones, como mucho, que se separan fácilmente, con lo cual su absorción a través del intestino es muy rápida. Cuando comemos estos hidratos, los niveles de glucosa en la sangre aumentan bruscamente, por lo que no deben ser consumidos por pacientes diabéticos.

Existen varios tipos de hidratos de carbono simples:

1) Los monosacáridos: aquellos que están compuestos por un solo eslabón. A este grupo pertenecen tres moléculas distintas llamadas glucosa, galactosa y fructosa.

Fructosa Galactosa Glucosa

2) Los disacáridos: los que están compuestos por dos eslabones, como la sacarosa (el azúcar de mesa), formada por un eslabón de glucosa unido a un eslabón de fructosa; la lactosa, formada por un eslabón de glucosa más otro de galactosa, y la maltosa, con dos eslabones de glucosa unidos entre sí.

Sacarosa

Lactosa

Maltosa

Los **hidratos de carbono complejos** son cadenas compuestas por un gran número de eslabones, por lo que también se denominan polisacáridos. Se absorben lentamente y no provocan subidas bruscas de glucosa en la sangre.

El organismo utiliza todos los hidratos de carbono como combustible. Al ser quemados o consumidos le proporcionan una energía que se mide en calorías, de manera que cada gramo de hidratos de carbono produce al quemarse cuatro calorías de energía.

Los hidratos de carbono son muy necesarios en la alimentación. Se recomienda que cualquier persona tome la mitad de las calorías que consume a lo largo del día en forma de hidratos de carbono complejos. Por ejemplo, en una dieta

Polisacáridos

de 2.000 calorías, el 50% —esto es, 1.000 calorías— debe ser en forma de hidratos de carbono complejos. Como ya sabemos que un gramo equivale a cuatro calorías, si dividimos 1.000 entre 4, descubriremos que esa persona deberá tomar 250 gramos de hidratos de carbono al día para que su dieta sea correcta. También es importante distribuirlos bien a lo largo del día.

Grasas

Las grasas están compuestas por cadenas de triángulos que, igual que los hidratos de carbono, se descomponen mediante el proceso de la digestión en triángulos sueltos lo suficientemente pequeños como para atravesar el filtro del intestino y llegar a la sangre.

Químicamente las grasas son compuestos de carbono, hidrógeno y oxígeno. ¿Te has dado cuenta de que son los mismos elementos que formaban los hidratos de carbono?

Veamos un ejemplo para entenderlo bien. Imaginemos un juego de construcción formado por piezas iguales. En función de cómo las coloquemos, se podrá formar un coche, una casa o un avión. Pues bien, de la misma forma, dependiendo de cómo se sitúen el carbono, el hidrógeno y el oxígeno, unas veces formarán hidratos de carbono y otras grasas.

Existen varios tipos de grasas: unos muy famosos, como el colesterol y los triglicéridos, y otros menos conocidos, como los ácidos grasos, los monoglicéridos y los diglicéridos. Veamos las características de algunos de ellos.

Los **ácidos grasos** están compuestos por átomos de carbono, hidrógeno y oxígeno. Cada pieza o átomo

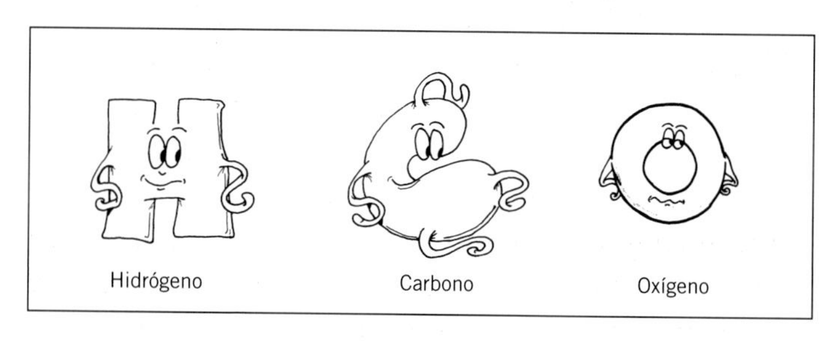

de carbono tiene cuatro enganches o enlaces. Si a tres de esos enlaces se unen otros tantos átomos de hidrógeno y el cuarto enlace se une a un átomo de carbono, se va formando una cadena como la siguiente:

La cadena anterior se irá alargando a medida que vayamos enganchando átomos de carbono e hidrógeno, pero, al final, para que químicamente sea un ácido graso, el último átomo de carbono de la cadena debe dedicar dos enlaces a unirse con un átomo de oxígeno y un enlace a unirse con un grupo formado por un átomo de oxígeno y otro de hidrógeno.

Cuando todos los enlaces o enganches de los átomos de carbono están ocupados por átomos de hidrógeno, decimos que ese ácido graso resultante es un **ácido graso saturado.** Los ácidos grasos saturados se encuentran en algunas carnes, en el queso, la leche, la mantequilla y también en grasas vegetales como el aceite de coco, de palma y de palmiste. El consumo de estos alimentos debe ser controlado, porque los ácidos grasos saturados son perjudiciales para la salud.

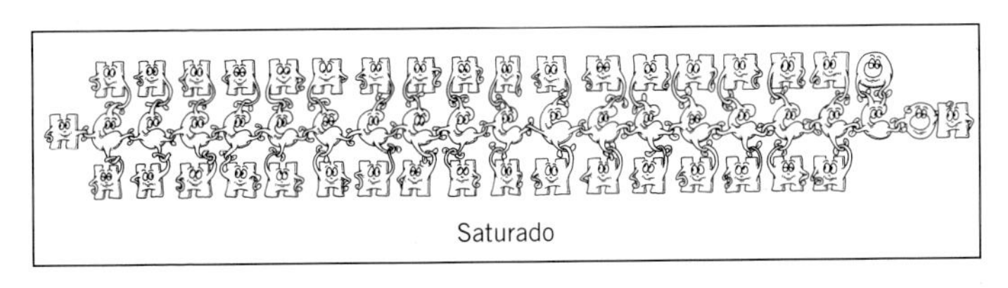

Saturado

Si un ácido graso tiene un átomo de carbono que, en lugar de uno, dedica dos enlaces a unirse a otro átomo de carbono, ya no estarían todos los enlaces unidos y saturados de hidrógeno, sino que habría uno que no estaría saturado. Ese ácido graso se llama **ácido graso monoinsaturado.** Quiere decir que entre dos átomos de carbono tiene dos enlaces. Un ejemplo de este tipo de ácido graso monoinsaturado es el ácido oleico.

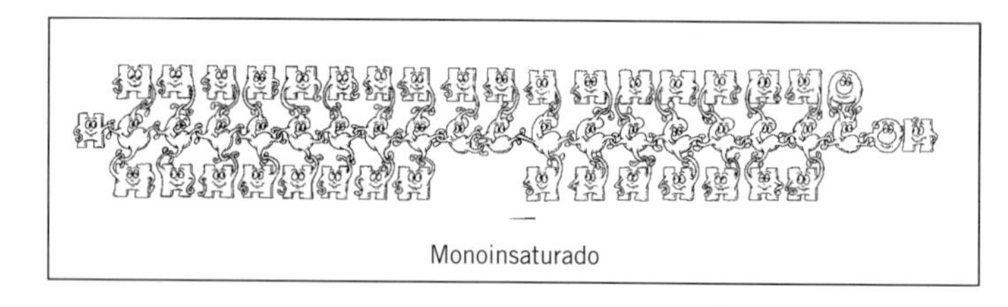
Monoinsaturado

Los ácidos grasos monoinsaturados naturales son excepcionalmente buenos para la salud. El aceite de oliva tiene entre un 60 y un 80% de ácido oleico, por eso es tan aconsejable tomarlo.

Si varios átomos de carbono dedican dos enlaces a unirse con otro se formará un **ácido graso poliinsatu-**

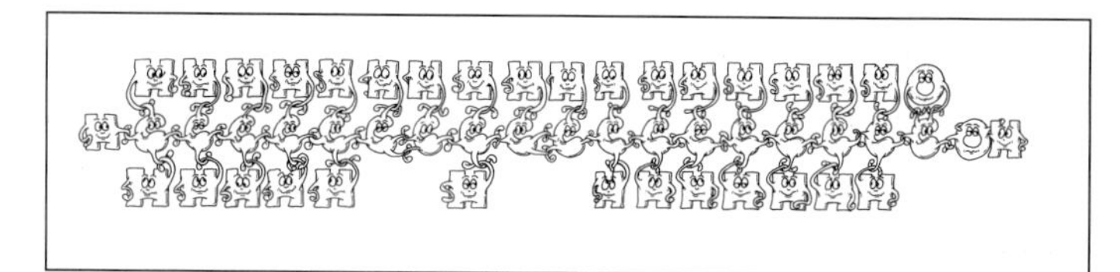

rado. Estos ácidos también son buenos para la salud y se encuentran en los aceites de girasol o maíz y en el pescado azul. Lo que te voy a explicar ahora sobre los ácidos grasos poliinsaturados es, en principio, un poco «rollo», pero necesario para que entiendas lo que quieren decirte cuando anuncian alimentos con ácidos grasos omega 3, que son buenos para la salud porque dilatan los vasos sanguíneos y tienen efecto antitrombótico.

Compararemos un ácido graso con una persona. Las personas tienen un nombre, por ejemplo José, y una serie de características que describen su aspecto. Así, José mide 1,80 metros, pesa 74 kilos y tiene los ojos azules. Los ácidos grasos tienen cada uno su nombre, pero para identificarlos mejor podemos fijarnos en sus características: el número de átomos de carbono que lo forman, la cantidad y la situación de los dobles enlaces. De esta forma podemos hacernos una idea más exacta de cómo es ese ácido graso.

Imaginemos que el nombre completo de un ácido es C 18:2 ω 6. Veamos ahora qué significa cada uno de estos símbolos: la C quiere decir carbono; el 18 indica el número de átomos; el 2 se refiere al número de dobles enlaces que tiene; la letra omega (ω) no quiere decir nada y el último número nos indica el átomo de carbono en el que se encuentra el primer doble enlace, contando desde el principio. Por tanto, el 6 quiere decir que el primer doble enlace va entre los átomos de carbono 6 y 7. A este ácido graso se le denomina también ácido linoleico y es indispensable tomarlo de los alimentos puesto que el organismo no es capaz de formarlo. Afortunadamente, es fácil encontrarlo en los aceites vegetales —de girasol, de maíz, de pepita de uva— y en las nueces.

Otro ácido graso poliinsaturado es el ácido linolénico, C 18:3 ω 3. Es decir, tiene 18 átomos de carbono, tres dobles enlaces y el primer doble enlace está entre los átomos de carbono tercero y cuarto. Es también un ácido graso indispensable para el organismo, porque tampoco puede formarlo y ha de obtenerlo de los alimentos. Se encuentra en los aceites vegetales, las nueces y otros vegetales.

El tercer ácido graso poliinsaturado que quiero destacar está en el pescado, sobre todo en el azul. Es el ácido eicosapentanoico (C 20:5 ω 3), que es muy bueno para la salud, pues dilata los vasos sanguíneos y dificulta que las plaquetas —unas células que forman parte de la sangre y son las responsables de la coagulación—, como veremos más adelante, tiendan a juntarse en exceso. Los pescados contienen otros ácidos omega 3 cuyos efectos también son beneficiosos para la salud.

Recuerda

Los ácidos grasos poliinsaturados, tanto el linoleico como el linolénico, están en los vegetales. Es indispensable tomar alimentos que los contengan, pues el organismo no puede formarlos y son imprescindibles para las membranas de las células.

Para que lo entendamos bien, las grasas son como las personas de una ciudad: las hay excepcionales, buenas y malas, y los ácidos grasos también pueden ser excepcionales, buenos y malos. Si en una ciudad hay muchas personas malas, ese sitio no será el mejor para ir, pues es peligroso. Si una grasa tiene muchos ácidos grasos saturados, debemos evitar tomarla porque es mala para la salud.

Los ácidos grasos saturados también tiene su función en el organismo, pero insisto tanto en que si los consumimos en exceso resultan perjudiciales para la salud porque, en el mundo occidental, la mayoría de las personas siguen una dieta demasiado rica en ellos.

Una vez explicado qué es un ácido graso, sigamos avanzando. Normalmente, una persona está unida a un grupo al que llamamos familia. Hay familias formadas por los padres y un solo hijo: si una sustancia llamada glicerol, que sería los padres, se une a un ácido graso, que sería el hijo, el resultado es una nueva sustancia llamada monoglicérido. El monoglicérido es como una familia formada por los padres y un solo hijo.

Hay familias formadas por los padres y dos hijos. El glicerol, los padres, se puede unir a dos ácidos grasos, los hijos, y se formaría una nueva sustancia llamada diglicérido («di», dos). Hay familias formadas por los padres y tres hijos. El glicerol, los padres, se puede unir a tres ácidos grasos, los hijos, y se formaría una nueva sustancia llamada triglicéridos («tri», de tres).

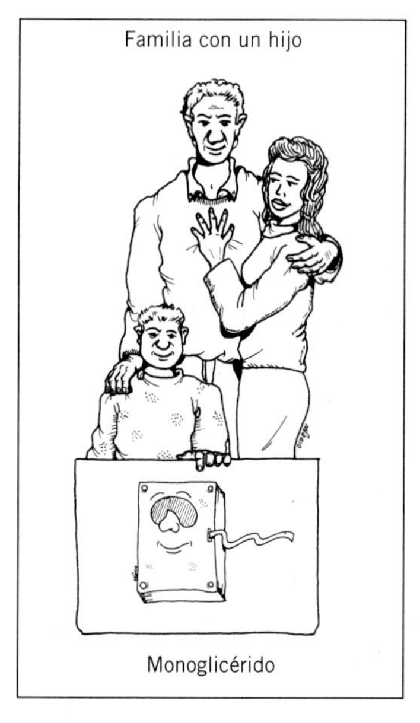

Familia con un hijo

Monoglicérido

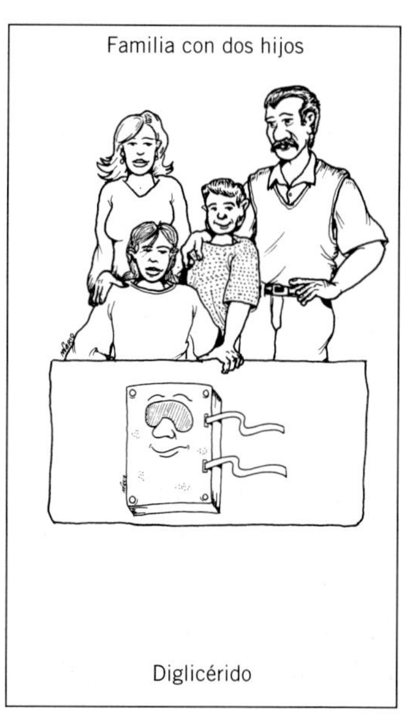

Familia con dos hijos

Diglicérido

Familia con tres hijos

Triglicérido

Los **triglicéridos** están formados por la unión de tres ácidos grasos al glicerol. Podemos reunir a muchas familias de tres hijos en un lugar y tendríamos un pueblo; si reunimos muchos triglicéridos, obtendríamos la grasa que hay en los alimentos. Así, el aceite, del tipo que sea —las grasas de la carne, del pescado, vegetales—, está formado por la unión de muchísimos triglicéridos. Si la mayoría de los hijos de las familias con tres hijos que viven en un pueblo son personas excepcionales, muy buenas, ese pueblo será maravilloso. Si la mayoría de los ácidos grasos de los triglicéridos que forma la grasa de los alimentos son monoinsaturados, la grasa de ese alimento será muy buena para la salud.

Así, por ejemplo, el aceite de oliva es muy bueno para la salud porque el 80% de los ácidos grasos de los triglicéridos son monoinsaturados, es decir, muy buenos para la salud; el 8%, poliinsaturados, es decir, buenos, y sólo un 12% son saturados y, por tanto, perjudiciales para la salud. El aceite de girasol es bueno para la salud porque tiene un 28% de ácidos grasos monoinsaturados, un 60% de poliinsaturados y un 12% de saturados. La mantequilla no es un alimento para tomar con frecuencia porque tiene un 27% de ácidos grasos monoinsaturados, un 3% de poliinsaturados y un 70% de saturados.

El aceite de coco y el de palma tienen muchos ácidos grasos saturados y, por tanto, no se deben tomar con frecuencia. El problema es que muchas veces los consumimos sin saberlo, pues se utilizan mucho en bollería industrial y en las etiquetas sólo se indica que son grasas vegetales. Pero ya sabemos que esta información no es suficiente y que es preciso que especifiquen qué cantidad de grasa contiene y cuál es la proporción de ácidos grasos monoinsaturados, poliinsaturados y saturados. Sólo con esta información podríamos decidir si queremos comprar un producto o no. También es importante que los alimentos de elaboración industrial reflejen en la etiqueta la cantidad de colesterol que contienen.

Una buena alimentación debe contener un tercio de ácidos grasos monoinsaturados, un tercio de poliinsaturados y un tercio de saturados. En la práctica esto no es difícil, si hacemos una dieta como la que se recomienda más adelante.

Funciones de la grasa

La grasa desempeña muy variadas funciones:

- Sirve de soporte a los órganos.
- Constituye una reserva de energía. Una pequeña parte de la grasa es quemada por las células para

producir la energía que necesita el organismo y que no ha sido aportada por los hidratos de carbono. Cuando una célula quema un gramo de grasa se producen 9 calorías, más del doble de las que se obtienen al quemar un gramo de hidratos de carbono.
- A partir de los ácidos grasos se forman parte de las membranas de las células.

Transporte de la grasa en la sangre

La sangre que fluye por el cuerpo humano está formada por agua, proteínas, hidratos de carbono y células, como los glóbulos rojos, los blancos, las plaquetas y otros. Las grasas, los lípidos, no se disuelven en la sangre porque el aceite no se disuelve en agua, y la sangre, además de los elementos citados, es básicamente agua. Para que la grasa no flote en la sangre, el organismo ha ideado la siguiente estrategia: une los lípidos —las grasas— con las proteínas y forma un complejo llamado lipoproteínas. Como si se tratara de un barco de proteínas que en su interior lleva grasas.

Dependiendo del tipo de proteínas (barco) y del tipo de lípidos (grasas) que se unan existen las siguientes lipoproteínas:

1) Los quilomicrones: son unas lipoproteínas formadas en un 2% por proteínas y en un 90% por triglicéridos; un 5% es colesterol y el resto, un 3%, otros componentes. Siguiendo con el símil anterior, se trataría de un barco con un casco muy

Quilomicrones

fino —muy pocas proteínas—, muy cargado de grasa, sobre todo de triglicéridos.

VLDL

2) Lipoproteínas de muy baja densidad: conocidas como VLDL, siglas del inglés *Very Low Density Lipoproteins* (lipoproteínas de muy baja densidad), están formadas por un 9% de proteínas, un 60% de triglicéridos y un 20% de colesterol. Serían como un barco con el casco más grueso que el de los quilomicrones, que transporta triglicéridos fundamentalmente.

3) Lipoproteínas de baja densidad: conocidas como LDL, siglas del inglés *Low Density Lipoproteins* (lipoproteínas de baja densidad), compuestas por un 20% de proteínas, un 50% de colesterol y un 7% de triglicéridos. En este caso se trataría de un barco con un casco de paredes más gruesas, que transporta sobre todo colesterol. La misión de las LDL es llevar el colesterol a las células del organismo para que éste cumpla sus funciones, pero si las lipoproteínas de baja densidad aumentan en exceso, terminarán depositándose en las paredes de las arterias y, por tanto, favorecerán la arteriosclerosis. Las LDL es lo que normalmente llamamos «colesterol malo». En las personas diabéticas que no hayan tenido ningún problema de infarto, estas lipoproteínas deberían ser inferiores a 130 mg/dl. Si una per-

LDL

sona diabética ha tenido ya un infarto, deberá mantenerlas por debajo de 100 mg/dl, para evitar que se sigan depositando en las paredes de las arterias.

4) Lipoproteínas de alta densidad: conocidas como HDL, siglas del inglés *Hight Density Lipoproteins* (lipoproteínas de alta densidad), están compuestas por un 50% de proteínas, un 25% de colesterol y un 5% de triglicéridos. Se trataría de un barco de casco muy grueso, que transporta el colesterol que va recogiendo de la pared de las arterias y lo lleva al hígado. Como van limpiando las arterias de los depósitos de colesterol, son muy buenas para el organismo y por eso las llamamos «colesterol bueno». Es aconsejable tener una cifra de HDL mayor de 40 mg/dl; cuanto más alta sea, mejor. El ejercicio físico, practicado de forma regular, aumenta este tipo de lipoproteínas, mientras el tabaco disminuye su cantidad.

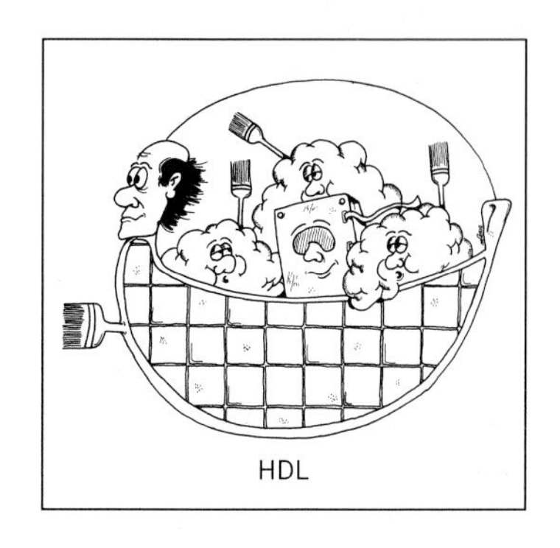
HDL

Recuerda

- Las grasas aportan energía al organismo.
- Cada gramo de grasa produce al quemarse 9 calorías.
- El 30% de las calorías totales de la dieta debe ser grasas.
- Deberíamos tomar la misma cantidad de ácidos grasos monoinsaturados, poliinsaturados y saturados.
- Deberíamos tomar como máximo 250 mg de colesterol al día.

- Si se toman grasas en exceso, el organismo las almacenará fácilmente en el tejido adiposo, con el consiguiente aumento de peso.
- La etiqueta de información nutricional de cualquier alimento elaborado debe contener estos datos:
  - 100 gr de ese alimento contienen __ g de grasa procedente de__.
  - La proporción de ácidos grasos es:
    Monoinsaturados naturales: __ mg.
    Poliinsaturados naturales: __ mg.
    Saturados: __ mg.
    Colesterol: __ mg.

Proteínas

Las proteínas están formadas por la unión de muchos aminoácidos —50, 100, 150 o más— y pueden representarse como una cadena formada por eslabones cuadrados. Cada uno de esos cuadrados es un **aminoácido,** un compuesto químico formado por carbono, hidrógeno, oxígeno y nitrógeno.

Entre los aminoácidos se distinguen dos grupos: los denominados esenciales, porque el organismo es incapaz de formarlos y, por tanto, hay que tomarlos con los alimentos, y los que no son esenciales, porque sí pueden ser formados por el organismo.

Una proteína será más completa y tendrá mayor valor biológico cuantos más aminoácidos esenciales tenga y en mayor cantidad. La proteína de mayor valor biológico es la de la clara de huevo y a ella se le asigna el valor de la unidad. El resto se miden por comparación y siempre tienen un valor inferior. Por ejemplo, el valor biológico de las proteínas contenidas en la leche, la carne y el pescado es muy elevado, mientras el de las proteínas de origen vegetal es inferior porque les falta algún aminoácido de los llamados esenciales. Sin embargo, si unimos varios vegetales ricos en proteínas, como las legumbres y los cereales, el aminoácido que le falta a uno lo tiene el otro, de tal forma que si los tomamos juntos en la misma comida su valor biológico es muy elevado. Por ejemplo, el arroz con lentejas o el arroz con judías aportan al organismo proteínas de alto valor biológico, ya que mientras el arroz tiene mucha metionina y le falta lisina, a las lentejas les falta metionina pero tienen mucha lisina.

Mediante el proceso de la digestión rompemos las cadenas de cuadrados que forman las proteínas, separándolos unos de otros. Cada uno de estos cuadrados es un aminoácido, y hay veinte tipos distintos. Su pequeño tamaño les permite atravesar el filtro del intestino y llegar a la sangre para cumplir diversas funciones. Los aminoácidos se han comparado con ladrillos: éstos son necesarios para construir un edificio y las proteínas para el crecimiento y el desarrollo de las personas. De igual forma que con el paso del tiempo un tabique de una casa se puede caer, también el organismo va perdiendo proteínas de los músculos, los huesos, etc., que hay que reponer diariamente. En general, se recomienda una ingesta de proteínas del 15 al 20% del total de las calorías de la dieta, lo que significa un gramo de proteínas por cada kilogramo de peso del individuo, aunque hay algunas épocas de la vida, como los períodos de crecimiento y desarrollo, el embarazo o la lactancia, en que se necesitan más.

Si nuestra dieta es pobre en hidratos de carbono, el organismo quemará proteínas para producir la energía que necesita. Cada gramo de proteínas produce al ser quemado 4 calorías, la misma energía que los hidratos de carbono. Si tomamos menos proteínas de las necesarias, no podremos reparar las pérdidas que se producen en los músculos o los huesos, con lo cual éstos se irán deteriorando y tendremos menos fuerza, más dolores óseos, estaremos más cansados, etc. Por el contrario, si tomamos más proteínas de las necesarias, tendríamos un exceso de aminoácidos en la sangre y, una vez que hayamos utilizado los precisos para reparar las pérdidas, habrá que eliminar el resto, puesto que el organismo carece de mecanismos capaces de almacenar aminoácidos o proteínas. Los aminoácidos sobrantes son desechados por el organismo a través de la orina —en forma de urea—, por lo que es preciso beber más agua para facilitar su eliminación. Un exceso de proteínas puede ser perjudicial para el riñón.

Recuerda

Entre un 15 y un 20% de las calorías que tomamos al cabo del día han de ser en forma de proteínas. No se debe abusar de ellas porque pueden perjudicar la salud. Su principal función es reparar las pérdidas y desgastes causados por el funcionamiento diario de nuestro organismo.

Vitaminas

Volvamos a la comparación entre un coche y el organismo humano: un coche necesita gasolina para producir energía, mientras el organismo necesita hidratos de carbono y grasas para obtenerla; cuando alguna pieza del coche se rompe es preciso arreglarla, mientras el organismo recurre a las proteínas para reparar sus pérdidas; para que un coche funcione correctamente necesita aceite que engrase el motor, mientras los seres vivos utilizan las vitaminas y los minerales para que las reacciones que tienen lugar en el organismo se produzcan con normalidad. Así, un coche sin aceite no funcionará bien, aunque tenga gasolina y el motor esté nuevo, como tampoco será normal el funcionamiento del organismo humano si le faltan vitaminas o minerales, como el calcio o el hierro, aunque tenga proteínas, grasas e hidratos de carbono de sobra.

Las vitaminas son sustancias que existen en los alimentos naturales. Son necesarias para el crecimiento, el desarrollo y el mantenimiento de la salud, y actúan como reguladoras para que las reacciones químicas que se producen en el organismo tengan lugar con normalidad.

Se pueden distinguir dos grupos de vitaminas:

1) Vitaminas liposolubles: son aquellas que se disuelven en la grasa. A este grupo pertenecen las vitaminas A, D, E y K, y tomadas en exceso pueden ser tóxicas para el organismo.

2) Vitaminas hidrosolubles: aquellas que son solubles en agua. En este grupo se encuentran las del complejo B: B_1, B_2, B_6, B_{12}, la nicotinamida, el ácido pantoténico y el ácido fólico, así como la vitamina C. Estas vitaminas hay que tomarlas diariamente porque el organismo no puede almacenarlas.

Minerales

Los minerales son importantes desde el punto de vista nutritivo. Su presencia en la dieta es necesaria para el funcionamiento normal del organismo. Los más destacados son el calcio, el hierro y el yodo. A veces se siguen dietas deficitarias en estos elementos, lo que ocasiona problemas de mineralización ósea, por falta de calcio; anemia, por falta de hierro; o bocio —aumento del tamaño del tiroides—, por falta de yodo.

Otros minerales, como el fósforo, el magnesio, el sodio o el potasio, están ampliamente distribuidos en los alimentos y es raro que falten en una dieta, aunque ésta no sea especialmente equilibrada.

Agua

El agua es un elemento imprescindible para el cuerpo humano. Está presente en casi todos los alimentos, aunque en cada uno de ellos en diferente cantidad. Su consumo, al igual que las vitaminas y los minerales, no produce calorías, por lo que todos ellos puede ser denominados «nutrientes acalóricos», en oposición a los hidratos de carbono, las grasas y las proteínas, que ya hemos visto que sí producen calorías y, por ello, son denominados «nutrientes calóricos».

Se debe tomar el agua necesaria como para orinar entre un litro y medio y dos litros al día. A veces sucede que si comemos mucha verdura sentimos menos sed y tomamos menos agua. Eso es debido a que en muchas verduras más del 90% de su peso es agua.

Fibra dietética

Como hemos visto, los alimentos están formados por distintas cadenas de proteínas, hidratos de carbono y grasa, que durante la digestión se fraccionan en eslabones sueltos capaces de pasar a la sangre. Lógicamente, para separar los eslabones que forman las cadenas, hemos de tener unas tijeras adecuadas. Pero existen alimentos de origen vegetal con unas cadenas que el intestino no puede separar en eslabones sueltos porque carece de la herramienta que los abre y, por tanto, no pueden pasar a la sangre. Dichas cadenas reciben el nombre de fibra dietética.

Esta fibra se divide en dos grupos:

1) Fibra soluble: la que se disuelve en el agua, como las pectinas, las gomas y algunos polisacáridos. Estas fibras solubles se encuentran principalmente en las manzanas, las naranjas, los limones y las fresas. Todas ellas tienen pectina. También contienen fibras solubles las leguminosas y los cereales. Dichas fibras solubles no son las indicadas para corregir el estreñimiento.

2) Fibra insoluble: la que no se disuelve en agua. En este otro grupo están la celulosa, la lignina y muchas hemicelulosas contenidas en las legumbres, las verduras y las frutas maduras. Al llegar al intestino, absorben agua y aumentan su tamaño (por ejemplo, un gramo de salvado retiene tres de agua), por lo que el volumen de las heces también aumenta y ayudan a combatir el estreñimiento.

Existen tres tipos de fibras insolubles:

- La celulosa, que se encuentra en la harina de trigo integral, el salvado, los guisantes, las judías, las manzanas y las raíces comestibles.
- La lignina, que es la que contienen los vegetales maduros y el trigo.
- La hemicelulosa, que está presente en el salvado y en los cereales.

Las fibras insolubles combaten el estreñimiento, mientras las solubles aportan al organismo diversos beneficios:

- Retrasan la absorción de los hidratos de carbono: es como si formaran una especie de red en el intestino, que hace que la glucosa pase con más dificultad a la sangre y evita las subidas de glucosa después de las comidas.
- Disminuyen la absorción de las grasas.
- Pueden quitar un poco el apetito.

Por todo ello, es muy recomendable que las verduras, las legumbres y las frutas formen parte integrante de la dieta de cualquier persona. Añadir suplementos de fibra a la dieta no es una mala costumbre, pero conviene consultar antes al médico para que indique qué tipo de fibra es el más indicado según el problema que se desee combatir: la obesidad, el estreñimiento o el hambre.

Entre los inconvenientes de la fibra hay que señalar que, a veces, esas cadenas que no se separan en eslabones al pasar por el intestino delgado fermentan en el intestino grueso y producen muchos gases, con la consiguiente sensación de molestia.

Índice glucémico de los alimentos

Hace años se hizo un estudio en el que a un grupo de personas les dieron, en días sucesivos, cuatro alimentos farináceos: pan, arroz, patatas y maíz. A todos se les suministró la misma cantidad de almidón, es decir, hidratos de carbono de cadena larga, y se midió cuánto subía la glucosa en la sangre a la hora, a la hora y media y a las dos horas de haber tomado el alimento. La experiencia demostró que unos alimentos elevaban más la glucosa que otros.

Se llama índice glucémico de un alimento a la capacidad que tiene dicho alimento de elevar la glucosa en la sangre. Se toma como referencia la glucosa pura, a la que se da el valor 100. Cualquier otro alimento tendrá un índice glucémico menor que 100. En teoría, cuanto menor es el indice glucémico de un alimento, mejor. Es de destacar el bajo índice glucémico de las legumbres, a las que siguen las pastas (macarrones, fideos o espaguetis). Las patatas, sin embargo, tienen un índice glucémico elevado.

En la práctica, las cosas no son tan sencillas, porque normalmente nuestras comidas no están compuestas por sólo un alimento, sino por varios, que pueden aportar proteínas, grasas o fibra, y eso hace que al llegar al intestino la absorción no sea tan regular como en el caso de alimentos aislados.

Índice glucémico de algunos alimentos	
Glucosa	100
Arroz	72
Patatas	70
Pan	69
Lentejas	29
Naranjas	40

Capítulo 3

El colesterol y los triglicéridos

El colesterol

Te voy a contar un secreto. A mí me hubiera gustado escribir un libro sobre filosofía, pero como no puedo porque carezco de los conocimientos suficientes al menos me voy a permitir la licencia de, en lugar de preguntarme qué hago aquí, de dónde vengo y adónde voy, preguntárselo al colesterol que hay en la sangre: de dónde viene, qué hace ahí y adónde va.

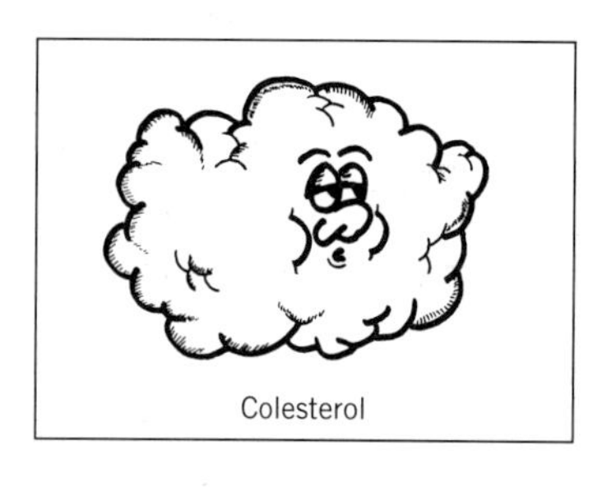

Colesterol

El colesterol es una grasa y como tal no se disuelve en el agua. Tiene una fórmula química, pero nosotros preferimos representarlo de otra manera:

¿De dónde viene el colesterol que hay en la sangre? Puede proceder de los alimentos o puede formarlo el hígado a partir de otras sustancias.

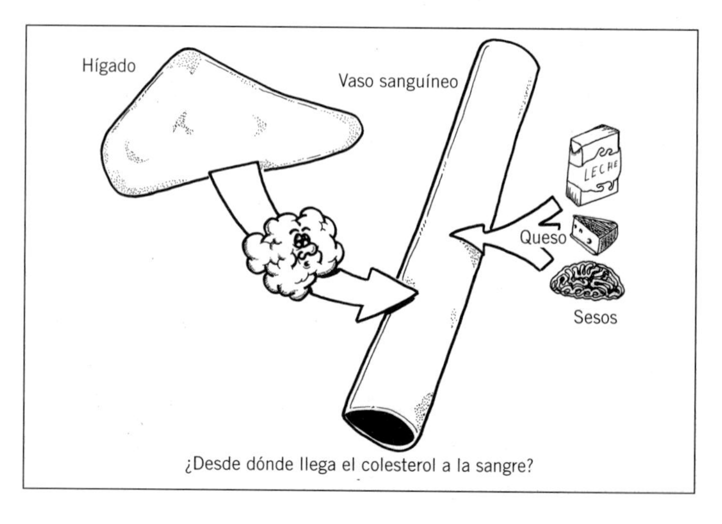

¿Desde dónde llega el colesterol a la sangre?

Colesterol procedente de los alimentos

Este colesterol se libera en la digestión, atraviesa la pared intestinal y llega a la sangre. Sin embargo, el filtro intestinal no es igual en todas las personas. Las hay que sólo absorben un 20%, es decir, sólo pasa a la sangre un 20% del colesterol que han tomado con los alimentos, y las hay que dejan pasar a la sangre el 60%. Por este y otros motivos, se distinguen dos tipos de personas:

- Las que al reducir el colesterol que toman en los alimentos disminuyen también el colesterol de la sangre. Se las denomina «respondedoras» porque responden con una disminución del colesterol en la sangre ante una reducción del colesterol de los alimentos.
- Las que al disminuir el colesterol que toman en los alimentos disminuyen muy poco o casi nada el colesterol de la sangre. A este grupo de personas se le llama «no respondedoras».

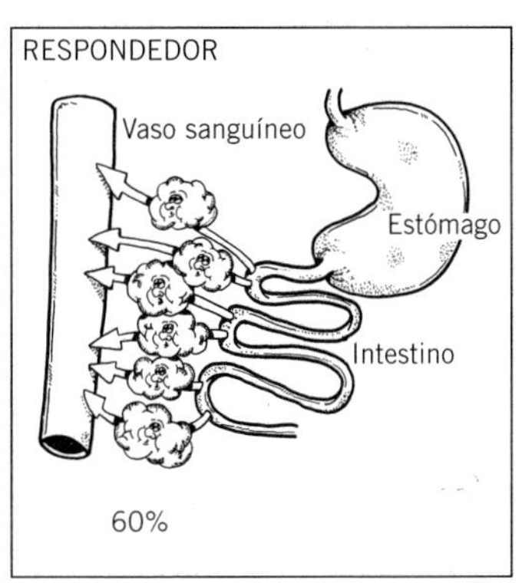

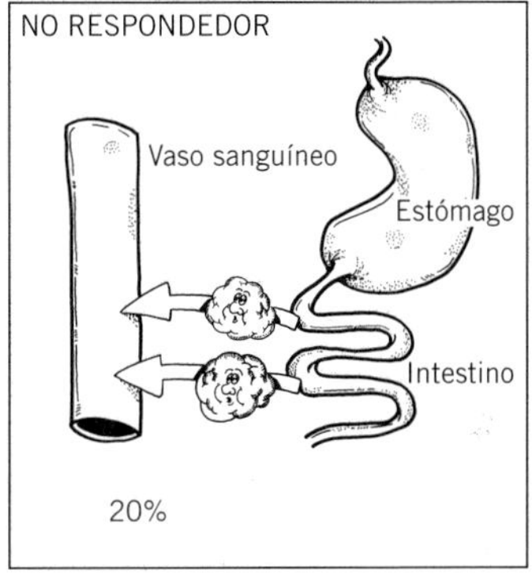

¿A qué grupo de personas perteneces tú, a las respondedoras o a las no respondedoras? Para averiguarlo, deberás someterte a un análisis de colesterol y después tomar, además de tu dieta habitual, una yema de huevo todos los días durante un mes. Repite el análisis y, si no te ha aumentado el colesterol, eres una persona no respondedora y podrías preocuparte menos del colesterol que contienen los alimentos. Pero, como veremos más adelante, deberás estar pendiente de las grasas saturadas que consumes, porque éstas aumentan la formación de colesterol en el organismo. Si, por el contrario, te ha aumentado el colesterol, eres una persona respondedora y ya sabes que tienes que reducir la cantidad que consumas.

Ni a ti ni a tus arterias les pasará nada porque durante un mes te suba un poco el colesterol. No hay que preocuparse por tener el colesterol alto uno, dos o tres meses, e incluso más, ya que sólo se producen alteraciones en las arterias cuando el colesterol se mantiene en niveles muy elevados durante años.

Te conviene saber tres cosas más sobre el colesterol que ingerimos a través de los alimentos:

1) Si una persona suele tomar 100 mg de colesterol al día y disminuye la cifra a, por ejemplo, 10 mg, el nivel de colesterol de su sangre no bajará.

2) Si una persona suele tomar diariamente 500 mg de colesterol y eleva esta cantidad a 1.000 o 1.500, su colesterol en la sangre no aumentará.

3) Y muy importante: si una persona que toma habitualmente 500 mg de colesterol al día baja esa cifra a 100 mg y pertenece al grupo de las respondedoras, reducirá el colesterol de su sangre en 60 mg, que es una cantidad muy importante.

Por ejemplo: una persona tiene 290 mg/dl de colesterol y sigue una dieta con la que toma 500 mg o más de colesterol al día. Si reduce el colesterol de su dieta a 100 mg al día, el colesterol de la sangre bajará 60 mg. Es decir, pasaría de 290 a 230, que como puedes observar es una disminución muy importante.

En general, es aconsejable que el colesterol contenido en los alimentos no pase de 300 mg al día, sobre todo en personas con hiperlipemia.

Pero el colesterol de la sangre no sólo depende de la cantidad contenida en los alimentos que tomamos, sino también de otros componentes presentes en ellos y de las calorías totales de la dieta.

Calorías de la dieta

Si una persona sigue una dieta muy alta en calorías (hipercalórica) ganará peso, y se ha comprobado que, en general, aumentará la producción de colesterol y de triglicéridos del hígado.

Así, las personas con obesidad troncular, de barriga, las que tienen la muy mal llamada «curva de la felicidad» y que yo llamaría «curva de la desgracia o de los accidentes cardiovasculares», tienen muy elevados los triglicéridos y el colesterol.

En la mayoría de los casos, una persona que está obesa y presenta elevadas cifras de colesterol y triglicéridos las normalizará al perder peso. Por tanto, cualquier persona debe tomar la cantidad suficiente de calorías para mantener un peso adecuado. Si está gorda, aunque tenga el colesterol y los triglicéridos normales, deberá hacer una dieta para perder peso. Si además tiene el colesterol o los triglicéridos elevados, con más motivo deberá seguir una dieta hipocalórica para perder peso.

Influencia de las grasas, los hidratos de carbono y las proteínas sobre los niveles de colesterol en la sangre

Grasas

Como sabemos, las grasas de los alimentos que tomamos son triglicéridos, es decir, están formados por la unión del glicerol a tres ácidos grasos, y dependiendo de cómo sean estos ácidos grasos —saturados, monoinsaturados o poliinsaturados— la influencia sobre el colesterol será distinta.

Así, los ácidos grasos monoinsaturados naturales, como el ácido oleico, no influyen sobre el colesterol total de la sangre, pero aumentan las HDL —el colesterol bueno— y disminuyen las LDL —el colesterol malo—. Por eso son tan beneficiosos para la salud.

Los alimentos más ricos en ácido oleico	
Aceite de oliva	65-80%
Aceite de colza	65-70%
Aguacate	45-50%
Carne de cerdo	40-45%

Los ácidos grasos saturados aumentan el colesterol y los ácidos grasos poliinsaturados lo disminuyen. Normalmente, los alimentos contienen ciertas cantidades de cada uno de estos dos ácidos. En general, podemos decir que los ácidos grasos saturados aumentan el colesterol el doble de lo que esa misma cantidad de ácidos grasos poliinsaturados es capaz de disminuirlos.

Hidratos de carbono

No está demostrado que los hidratos de carbono que tomamos con los alimentos modifiquen las cifras de colesterol. Ahora bien, si la dieta es rica en hidratos de carbono, sí pueden aumentar los triglicéridos aunque de manera transitoria. Si el exceso de hidratos de carbono es tan importante que nos hace engordar, entonces sí habría una alteración de las grasas de la sangre producida por la obesidad.

Lo que sí parece claro es que son mejores los alimentos con hidratos de carbono complejos, que van pasando a la sangre poco poco, sobre todo porque las personas que los toman tienen las HDL —el colesterol bueno— más altas que las personas que toman alimentos a base de hidratos de carbono simples, que pasan rápidamente a la sangre.

Proteínas

A efectos prácticos podemos decir que las proteínas no afectan a las cifras de colesterol en la sangre. En el tratamiento de la hiperlipemia se aconseja que la dieta tenga un 15% de proteínas.

Fibra

Al tomar alimentos que contengan fibra —un mínimo de 30 g al día—, el colesterol baja de un 5 a un 10% por disminución de las LDL, es decir, del colesterol malo. Esta cualidad hace que sean muy aconsejables los alimentos ricos en fibra.

La fibra soluble disminuye el colesterol de la sangre porque retiene colesterol y ácidos biliares en el intestino y los elimina por las heces. La insoluble sirve para combatir el estreñimiento.

Vitaminas y antioxidantes

Estas sustancias no influyen sobre las cifras de colesterol, pero sí hacen que las LDL —el colesterol malo— se oxiden menos y sean menos perjudiciales.

Colesterol procedente del hígado

El hígado es un órgano muy importante para regular los niveles de colesterol, ya que sus células son capaces de sintetizarlo. El organismo de una persona sana tiende a mantener una cifra normal de colesterol que le permite, por un lado, fabricar todas esas sustancias que son precisas para su funcionamiento y se formarán a partir del colesterol, y, por otro, que no se acumule en exceso en la sangre, ya que sería perjudicial para las arterias.

En las personas sanas, el hígado actúa como una fábrica capaz de producir el colesterol necesario para que por la sangre circulen los niveles adecuados. Esto quiere decir que, si nosotros tomamos alimentos ricos en colesterol, el hígado producirá menos, y si tomamos alimentos con poco o ningún colesterol, el hígado producirá más colesterol para cubrir las necesidades del organismo.

Por ejemplo: si estás en una habitación muy fría y quieres elevar la temperatura a 20 grados mediante una estufa con un termostato, como el ambiente está helado la estufa deberá producir mucho calor para llegar a los 20 grados; cuando alcance esa temperatra se parará. Si la temperatura ambiente es de 18 grados, la estufa tiene que producir poco calor porque enseguida el termostato indicará que ya se han alcanzado los 20 grados.

El hígado tiene la capacidad de producir colesterol y cuando ya existe la cantidad adecuada deja de fabricarlo, porque dispone de una especie de termostato para producir sólo la cantidad adecuada. En algunas enfermedades, el hígado puede fabricar más del necesario y se rompe ese equilibrio que tienen las personas sanas.

¿Qué hace el colesterol en la sangre? Está de paso, como nosotros en este mundo. El colesterol, como grasa que es, navega por la sangre a bordo de las lipoproteínas, lo que antes hemos representado como barcos. Hay colesterol que va en las LDL y así llega a todas las células del organismo. En ocasiones, algunos de estos barcos LDL, sobre todo si hay muchos, se oxidan, naufragan en la pared arterial y se van depositando allí, favoreciendo la arteriosclerosis. Otros barcos, las HDL, van recogiendo el colesterol que hay en las paredes de las arterias procedentes de los naufragios de las LDL y lo llevan de nuevo al hígado. Por eso a las HDL se les llama «colesterol bueno».

En las personas sanas hay un equilibrio dinámico entre el colesterol que tomamos con los alimentos, el que forma el hígado y el que gastan las células del organismo, capaz de mantener unos niveles en sangre que no son excesivos y, por tanto, no perjudican a las personas. Cuando se rompe ese equilibrio y aumentan las LDL, es cuando se favorece la arteriosclerosis.

¿Qué rompe ese equilibrio y hace aumentar por encima de lo normal el colesterol en la sangre? Es decir, ¿qué es lo que produce una hiperlipemia? Esto lo explicaré en otro capítulo.

¿Adónde va el colesterol? A cumplir sus funciones.

Funciones del colesterol

1) El colesterol es una sustancia absolutamente necesaria para la vida. A partir de él se forman ciertas hormonas, como el cortisol, sin la cual no podemos vivir. También se forman las hormonas sexuales, importantes no sólo para el sexo, sino porque juegan un papel determinante para mantener en perfecto estado distintas partes del organismo, como la masa muscular o la masa ósea.

2) El colesterol forma parte de las membranas celulares. El organismo humano está compuesto por unos diez billones de células y el colesterol parte de la membrana que permite el paso de sustancias a las células para que éstas se alimenten y también de las sustancias necesarias para que esas células, que son como fábricas, hagan bien su trabajo, fabriquen su producto y luego éste pueda salir. El colesterol forma parte de esa membrana.

3) A partir del colesterol se forma la vitamina D, necesaria, entre otras cosas, para el mantenimiento del buen estado de los huesos.

4) A partir del colesterol se forman los ácidos biliares en el hígado. Estos ácidos pasan al intestino, donde son necesarios para que las grasas que tomemos con los alimentos puedan pasar a la sangre.

El colesterol es muy importante para el organismo humano, tanto que la naturaleza no ha dejado al azar el que una persona tenga que tomar de los alimentos la cantidad necesaria para vivir. Por eso, el organismo humano es capaz de sintetizarlo a partir de otras sustancias, de forma que no le falte para cumplir las funciones que hemos visto anteriormente. Una persona puede vivir bien aunque no tome ningun alimento que contenga colesterol porque el organismo lo formará a partir de otras sustancias contenidas en los alimentos y que después veremos. Por eso, también es peligroso que un organismo produzca excesiva cantidad de colesterol, en cuyo caso necesitará seguir un tratamiento.

Ya ves que no todo lo relacionado con el colesterol es malo. Ahora puede que la imagen que tienes de él sea menos negativa y cuando alguien te diga que tiene colesterol podrás decir que gracias a Dios, porque de otra forma no podría vivir. Ahora bien, si los niveles son excesivos, sí es perjudicial para el organismo.

Los triglicéridos

Los triglicéridos resultan de la unión de una molécula de glicerol con tres ácidos grasos. ¿De dónde vienen? ¿Qué hacen? ¿Adónde van?

¿De dónde vienen los triglicéridos que hay en la sangre?

La mayoría de los triglicéridos que circulan por la sangre proceden de los alimentos. Son absorbidos como quilomicrones y a través del sistema linfático pasan del intestino a la sangre. Prácticamente llega a la sangre el 90% de los triglicéridos contenidos en los alimentos.

Después de una comida rica en grasa, el nivel de los triglicéridos se mantiene alto durante varias horas —hasta un máximo de doce—. Por tanto, y esto es importante, cuando una persona tenga que hacerse un análisis de triglicéridos debe presentarse a la extracción de sangre tras doce horas de ayuno. Al hacer el análisis en esas condiciones, sabemos que si el nivel de triglicéridos se encuentra alto no es por la comida anterior, sino porque el hígado ha aumentado su producción. En esas doce horas anteriores al análisis, la persona puede tomar agua, pero no debe tomar zumos ni otro tipo de alimentos.

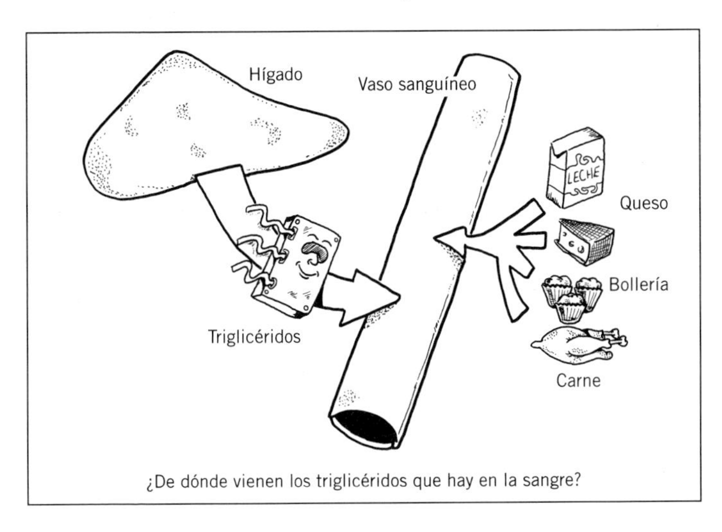

¿De dónde vienen los triglicéridos que hay en la sangre?

Pero los triglicéridos también provienen del hígado, que los forma a partir de los ácidos grasos que le llegan con la sangre y de los hidratos de carbono, de la glucosa. Como sabemos, el organismo de las personas que toman una dieta rica en hidratos de carbono emplea los necesarios para producir energía y transforma los que le sobran en grasa, en triglicéridos.

¿Qué hacen en la sangre?

Realmente están de paso hacia el tejido adiposo —el tejido graso—, donde son almacenados como reserva de energía.

¿Qué funciones tienen?

Cuando un organismo necesita los triglicéridos almacenados en el tejido adiposo, éstos son devueltos a la sangre. Allí, por la acción de diversos enzimas, que son como tijeras, se van liberando los distintos ácidos grasos que forman el triglicérido. Estos ácidos grasos libres desempeñan las funciones que ya hemos visto anteriormente.

Capítulo 4

Clasificación funcional de los alimentos y su influencia en el colesterol y los triglicéridos

Hasta ahora hemos analizando cada una de las sustancias nutritivas que existen, su diferente composición y sus distintas misiones. Pero existe un problema: cuando vamos a comprar al supermercado o a la tienda del barrio no encontramos latitas de hidratos de carbono, grasas o proteínas, sino que compramos distintos alimentos con los que elaborar nuestra comida. Quizá en un futuro aparezcan estos preparados en los supermercados, pero de momento, y para poder solucionar el problema, se ha elaborado lo que denominamos clasificación funcional se los alimentos, que los distribuye a todos en siete grupos.

Grupo I: La leche y sus derivados

Los alimentos que forman este grupo aportan al organismo proteínas, grasas e hidratos de carbono, además de agua, vitaminas y minerales.

Tipos de leche

Leche entera

Este tipo de leche no es aconsejable para personas con problemas de lípidos, pues tiene ácidos grasos saturados que aumentan el colesterol. La leche *semidesnatada* tiene entre un 40 y un 60% menos de grasa y la *desnatada* contiene menos del 15% de grasa y sólo 2 mg de colesterol por cada 100 cc de leche; aporta la misma cantidad de calcio que las otras, pero no lleva las vitaminas A y D, a no ser que se las añadan después, lo que hacen muchos fabricantes.

Al llegar a la menopausia es recomendable que las mujeres tomen un litro de leche al día. Algunas alegan que si toman esa cantidad engordan y además les sube el colesterol. En estos casos, la leche indicada es la desnatada suplementada con calcio. Un litro de leche desnatada contiene 360 calorías y aporta entre 1.500 y 1.600 mg de calcio, por lo que también se pueden tomar 3/4 de litro de leche desnatada suplementada en calcio y el resto del calcio, hasta los 1.500 mg, obtenerlos de otros alimentos como las naranjas.

En estos momentos existe en el mercado una leche desnatada enriquecida con ácido oleico, ácidos grasos omega 3 y vitamina E. Como recordarán, el ácido oleico es un ácido graso monoinsaturado que disminuye las LDL, el colesterol malo, y aumenta las HDL, el colesterol bueno. Los ácidos omega 3 tienen una acción antiagregante de las plaquetas y disminuyen los triglicéridos. La vitamina E es un potente antioxidante. Este tipo de leche es recomendable para las personas sin problemas de lípidos y para las que tengan el colesterol o los triglicéridos altos, siempre y cuando su peso sea el adecuado. Los obesos es mejor que tomen leche desnatada, porque de esa manera ingieren menos calorías y pueden perder peso. Si no te gusta la leche desnatada, siempre puedes tomar ésta, aunque también deberás reducir las grasas que ingieres a través de otros alimentos.

También existe otra leche cuya grasa ha sido sustituida por aceites vegetales ricos en ácidos grasos poliinsaturados.

La leche entera se compone de los siguientes elementos:

– *Hidratos de carbono:* 5 g por cada 100 cc.

- *Lactosa:* es un disacárido; es decir, está formado por la unión de dos eslabones, uno de glucosa y otro de galactosa. Algunas personas no tienen en el intestino la enzima lactasa, que es la herramienta necesaria, las tijeras, para romper la unión de esos dos eslabones. Si no se pueden separar, la lactosa no pasa a la sangre y fermenta en el intestino, lo que provoca molestias abdominales y diarrea. El déficit de esa enzima, de esas tijeras especiales, es lo que hace que muchas personas no toleren la leche.
- *Proteínas:* la leche tiene también 3,5 g de proteínas de muy buena calidad biológica por cada 100 cc.
- *Grasa:* la leche entera contiene 3,5 g de grasa cada 100 cc y 14 mg de colesterol. La grasa está distribuida en finísimas gotas y, si la dejamos en reposo el tiempo suficiente, se agrupa en la parte superior formando una capa: la nata. La nata montada es sólo nata, con algo de leche, batida para introducirle aire y que se espume. Separando la grasa de la leche se obtiene la mantequilla.
- *Vitaminas y minerales:* la leche contiene las vitaminas A, D, B_1 y B_2, minerales, calcio —100 mg por cada 100 cc— y fósforo.

Leche en polvo

Podríamos decir lo mismo que para la leche natural, puesto que, una vez reconstituida con agua, aporta los mismos nutrientes que la líquida. También hay tres tipos: entera, semidesnatada y desnatada.

Leche condensada

No es un buen alimento porque tiene un 40% de azúcar. Ninguna persona debería tomarla habitualmente.

Leches modificadas

Son alimentos a los que se les han quitado las grasas saturadas de la leche y han sido sustituidas por otras grasas más saludables.

Mira en la tabla el tipo de leche que te conviene:

LECHE	PESO NORMAL			OBESOS		
	Colesterol elevado	Triglicéridos elevados	Colesterol y triglicéridos elevados	Colesterol elevado	Triglicéridos elevados	Colesterol y triglicéridos elevados
Normal	No	No	No	No	No	No
Semidesnatada	No	No	No	No	No	No
Desnatada	Sí	Sí	Sí	Sí	Sí	Sí
En polvo entera	No	No	No	No	No	No
En polvo semidesnatada	No	No	No	No	No	No
En polvo desnatada	Sí	Sí	Sí	Sí	Sí	Sí
Leche condensada	No	No	No	No	No	No
Leche modificada	Sí	Sí	Sí	No*	No*	No*
Nata	No	No	No	No	No	No

* Aunque la grasa de este tipo de leche es beneficiosa para la salud, se aconseja que las personas obesas consuman leche desnatada porque les ayudará a perder peso. Otra alternativa es la semidesnatada, además de reducir la cantidad de grasas que se toman con otros alimentos.

El yogur

El yogur se obtiene a partir de la leche siguiendo estos pasos:

1) Se añade leche en polvo a la leche y, si se quiere, nata.

2) A la mezcla de leche más leche en polvo con o sin nata, se le añaden los bacilos que según la legislación son necesarios para que el producto resultante se convierta en yogur: el *S. termophilus* y *L. bulgarius,*

en las cantidades adecuadas, esto es, diez millones de unidades. El *S. termophilus* es el que transforma la lactosa de la leche en ácido láctico, mientras que el *L. bulgarius* es el que aporta los sabores y el aroma característico.

3) Cuando el yogur está todavía líquido se envasa y se cierra para que tenga lugar la fermentación. Posteriormente se refrigera y ya está listo para tomar.

Si se quieren obtener *yogures con sabores*, se le añadirán los aditivos correspondientes. Para hacer *yogur líquido*, primero se fermenta, luego se refrigera, después se bate y, por último, se envasa. La *mousse de yogur* se consigue introduciendo aire al yogur para darle una textura diferente.

Los yogures normales suelen ser semidesnatados. Los enriquecidos con nata tienen la misma proporción de grasa que la leche entera. Los desnatados tienen un máximo del 0,5% de grasa. Los que dicen que tienen el 0% de grasa pueden llevar del 0,1 al 0,5%.

El yogur es un buen alimento que puede sustituir a la leche. Algunas personas con intolerancia a la leche lo digieren bien. Aporta unas bacterias que, una vez en el intestino, son beneficiosas para la salud. Sin embargo, es importante denunciar la publicidad engañosa que algunos fabricantes difunden a través de los medios de comunicación, sobre todo la televisión, en la que dan a entender claramente que el yogur con fruta puede sustituir a la fruta y eso es una barbaridad. Los niños no deben cambiar el postre de fruta por yogur ni otros productos lácteos.

Podríamos decir que dos yogures naturales equivalen a un vaso de leche entera y dos yogures desnatados equivalen a un vaso de leche desnatada.

Otros yogures de reciente aparición son: el griego, que tiene un alto contenido en grasa (el 10%), y el búlgaro, cuyo contenido en grasa es equivalente al de los yogures enriquecidos con leche entera.

Las leches fermentadas

Son los productos que se obtienen con el mismo proceso que el yogur, pero además de las bacterias *S. termophilus* y *L. bulgarius* se les añaden otras, como el bífidos. Son leches fermentadas los bios, el LC1 y los actimeles.

El bio se obtiene añadiendo a la leche y a la leche en polvo las bacterias propias del yogur, *S. termophilus* y *L. bulgarius,* más el bífidos.

A los LC1 y los actimeles se les añaden, además de los gérmenes típicos del yogur, otros como el *L. acidophilus* o el *L. carei.*

El kéfir es otro producto lácteo producido por la fermentación de distintos microorganismos, como el *Streptococus caucasicus,* que le proporcionan una apariencia más cremosa y producen una pequeña cantidad de alcohol (menos del 1%).

Los postres lácteos

Si a un yogur lo sometemos a un proceso térmico que elimina todos los gérmenes, incluyendo los característicos del yogur —el *S. termophilus* y el *L. bulgarius*—, se transforma en un postre lácteo que ya no puede ser considerado yogur. La ventaja es que no hay que conservarlo en frío.

Algunas personas que carecen de la enzima, de las tijeras, que rompe la lactosa en sus dos componentes no toleran la leche pero sí el yogur. La razón es que éste tiene menos lactosa, ya que se ha transformado en ácido láctico por la acción de las bacterias.

TIPOS DE YOGUR	PESO NORMAL			OBESOS		
	Colesterol elevado	Triglicéridos elevados	Colesterol y triglicéridos elevados	Colesterol elevado	Triglicéridos elevados	Colesterol y triglicéridos elevados
Enriquecido con nata	No	No	No	No	No	No
Normal	No	No	No	No	No	No
Desnatado	Sí	Sí	Sí	Sí	Sí	Sí
Griego	No	No	No	No	No	No
Leches fermentadas: bio, LC1 y actimeles	No	No	No	No	No	No
Kéfir	No	No	No	No	No	No
Postres lácteos enteros	No	No	No	No	No	No
Postres lácteos semidesnatados	No	No	No	No	No	No
Postres lácteos desnatados	Sí	Sí	Sí	Sí	Sí	Sí

El queso

El queso se obtiene añadiendo a la leche el cuajo, que es un fermento que se extrae de una parte del estómago de la ternera. El cuajo produce la coagulación de la leche. También se pueden utilizar como fermento para coagular la leche otras sustancias distintas del cuajo.

La leche más el cuajo producen *cuajada* y un líquido de aspecto lechoso, el *suero,* que contiene lactosa, vitaminas hidrosolubles y una mínima cantidad de proteínas.

Para separar la cuajada del suero se añade sal y se tamiza. Posteriormente, la cuajada ya prensada y con sal se coloca en moldes perforados para que siga perdiendo suero y se deja madurar. En este proceso es cuando los gérmenes de cada zona van a producir las alteraciones que proporcionarán las características a cada tipo de queso. Mientras maduran, los quesos van perdiendo la lactosa que les queda. Las grasas y las proteínas también sufren distintas transformaciones que veremos más adelante.

Los quesos se componen de los siguientes elementos:

- *Hidratos de carbono:* el queso fresco tiene una pequeña cantidad de lactosa, y por tanto de hidratos de carbono, que va disminuyendo a medida que se va curando. El queso curado ya no tiene lactosa.
- *Grasas:* el queso mantiene toda la grasa de la leche con la que se ha hecho. Ahora bien, esa grasa sufre una serie de transformaciones en el proceso de maduración. Los triglicéridos se desdoblan en ácidos grasos libres que pueden, a su vez, transformarse en otros compuestos, como aldehídos y cetonas, que son los que dan el sabor y el aroma característicos a cada queso. Si la leche que hemos usado para hacer el queso es desnatada, tendremos un queso descremado. Con respecto al colesterol, cuanto más frescos son los quesos menos colesterol tienen. Así, un queso fresco tiene entre 140 y 160 mg de colesterol por cada 100 g, mientras que si es curado puede llegar a tener 1.000 mg de colesterol por cada 100 g.
- *Proteínas:* el queso mantiene casi todas las proteínas de la leche, aunque algunas se han modificado un poco en el proceso de formación, tal como sucede con las grasas, y pueden liberar aminoácidos que contribuyen también a dar distintos sabores al queso. Lógicamente, cuanto más fresco es el queso menos proteínas contiene por cada 100 g, pues una parte de ese queso es agua. A medida que se va curando, la proporción de proteínas aumenta porque se pierde agua.
- *Vitaminas:* el queso mantiene las vitaminas liposolubles A y D que tenía la leche, pero pierde

en parte las vitaminas hidrosolubles, sobre todo las vitaminas del grupo B, que se quedan en el suero.

- *Minerales:* el queso mantiene el calcio de la leche. De nuevo, cuanto más fresco es menos calcio contiene. Así, el queso fresco tiene aproximadamente de 180 a 200 mg de calcio por cada 100 g, mientras que el curado tiene de 600 a 800 mg. Con respecto al sodio, hay que decir que el queso suele llevar bastante cantidad, ya que durante el proceso de elaboración se le añade sal. Por tanto, aquellas personas que tengan que seguir una dieta pobre en sal deberán vigilar la cantidad de queso que toman.
- *Agua:* los quesos frescos contienen entre el 70 y el 80% de su peso en agua, que van perdiendo hasta llegar al 40 o 50% cuando se van curando. Es decir, cada 100 g de queso fresco contiene entre 70 y 80 g de agua, mientras que si es curado sólo contendrá entre 40 y 50 g.

Tipos de queso

Queso fresco: la única transformación que sufre respecto a la leche de la que se deriva es una fermentación láctica. Debe conservarse en el frigorífico y su consumo ha de realizarse pocos días después de su elaboración. Son los quesos tipo «Burgos».

Petit Suisse: es un queso fresco al que se le ha añadido leche en polvo y grasa láctea. Su consistencia es pastosa.

Requesón: como ya se ha explicado, al añadir cuajo a la leche se produce cuajada y suero. El requesón se obtiene de la precipitación de las proteínas del suero. Tiene un sabor suave y es muy rico en proteínas y vitaminas hidrosolubles que han quedado en el suero.

Cuajada: es leche coagulada a la que no se le quita nada —ni siquiera el suero— ni se somete a fermentación. Se debe hacer a partir de la leche pasteurizada y ha de conservarse en el frigorífico.

Queso curado: es un queso con más de tres meses de antigüedad. Tiene poca agua.

Queso light: tiene bajo contenido en grasa y, por tanto, menos calorías, aunque mantiene el calcio y las proteínas.

Queso fundido: se denomina así a varios tipos de quesos que se funden a la temperatura adecuada. Se presentan en porciones o lonchas.

QUESOS	PESO NORMAL			OBESOS		
	Colesterol elevado	Triglicéridos elevados	Colesterol y triglicéridos elevados	Colesterol elevado	Triglicéridos elevados	Colesterol y triglicéridos elevados
Fresco	No	No	No	No	No	No
Fresco descremado	Sí	Sí	Sí	Sí	Sí	Sí
Petit Suisse	No	No	No	No	No	No
Requesón	Sí	Sí	Sí	Sí	Sí	Sí
Cuajada	No	No	No	No	No	No
Curado	No	No	No	No	No	No
Light	Sí*	Sí*	Sí*	Sí*	Sí*	Sí*
Fundido	No	No	No	No	No	No

* Lee la etiqueta de información nutricional de este tipo de quesos para saber qué cantidad de grasa contienen y decide si puedes tomarlo o no.

Grupo II: Carnes, pescados y huevos

Los alimentos de este grupo aportan proteínas fundamentalmente, vitaminas y minerales en menor cantidad y también grasas.

Carne

Genéricamente se llama carne a los músculos de los animales utilizados para consumo humano. También podemos incluir dentro de este concepto a las vísceras. Si analizamos, por ejemplo, unas chuletas de cordero al corte, podremos distinguir varias capas: la piel, una capa de grasa visible que está debajo de la piel y se llama «gordo», y el músculo.

Entre las fibras musculares hay grasas que no se ven. Son las grasas invisibles. Existen en proporción muy variable de unas carnes a otras. Así, por ejemplo, el lomo o el solomillo de cerdo tienen sólo un 2 o un 3% de grasa invisible. Cuando hablamos de la composición de la carne, nos referimos a los músculos sin la piel ni el «gordo».

En la composición de la carne intervienen los siguientes elementos:

- *Hidratos de carbono:* las carnes no tienen prácticamente hidratos de carbono. Sólo el hígado contiene entre un 4 y un 5% de su peso en glucógeno, es decir, en hidratos.
- *Grasas:* varían de unas carnes a otras. En general, entre el 2 y el 10% de su peso son grasas saturadas y monoinsaturadas. Hay que resaltar, llegados a este punto, que algunas carnes de cerdo, como el lomo o el solomillo, son ricas en grasas monoinsaturadas —como el aceite de oliva— y que, tomadas en cantidades adecuadas, son buenas para la salud.
- *Proteínas:* las carnes tienen entre un 18 y un 20% de proteínas de muy buena calidad biológica. Que sean de primera, segunda o tercera no alteran su valor biológico, aunque lógicamente difieren en su textura, su color o su sabor.
- *Vitaminas:* las carnes son ricas en vitamina B_{12}, que es muy poco abundante en los vegetales. También es rica en niacina y vitamina B_2. Además, el hígado y las vísceras son ricas en vitamina A, D y hierro.

– *Minerales:* las carnes son ricas en hierro y fósforo, pero no en calcio.
– *Agua:* en condiciones normales, el 70% de la carne es agua.

Ración recomendada de carne

– Para los adultos: entre 150 y 200 g al día, tres días a la semana.
– Para los niños: 15 g al día por año de edad, tres veces a la semana.
Por ejemplo, un niño de seis años deberá tomar 15 × 6 = 90 g de carne al día, tres días a la semana.

Conviene recordar que la carne congelada tiene el mismo valor nutritivo que la fresca. Las carnes blancas —pollo, ternera o cordero— no son mejores desde el punto de vista nutritivo que las rojas —vaca o cerdo—. Las de primera o tercera tienen el mismo valor nutritivo. Los extractos de carne, líquidos o en pastillas, no tienen valor nutritivo; sólo sirven para dar sabor y además suelen tener bastante sal.

CARNES	PESO NORMAL			OBESOS		
	Colesterol elevado	Triglicéridos elevados	Colesterol y triglicéridos elevados	Colesterol elevado	Triglicéridos elevados	Colesterol y triglicéridos elevados
Magra de cerdo: lomo, solomillo	Sí	Sí	Sí	Sí	Sí	Sí
Cordero	No	No	No	No	No	No
Pollo sin piel	Sí	Sí	Sí	Sí	Sí	Sí
Ternera	Sí	Sí	Sí	Sí	Sí	Sí

Vísceras

Sesos, hígado, riñones, etc., son muy ricos en colesterol y, por tanto, no pueden tomarlos aquellas personas que tengan el colesterol o los triglicéridos altos.

Embutidos

Hoy día, la carne puede ser consumida en fresco o congelarse —para que sus propiedades se mantengan durante más tiempo—, pero una forma tradicional de conservación ha sido convertirla en embutido.

Para valorar un embutido desde el punto de vista nutricional es imprescindible leer la etiqueta y ver qué proporción de proteínas y de grasas contiene. Puede que, si se le ha añadido féculas, como en algunos casos permite la legislación, tenga incluso hidratos de carbono.

Como norma general diremos que los embutidos contienen entre un 25 y un 30% de proteínas, más incluso que la carne fresca, puesto que la cantidad de agua que llevan es menor.

En España, el consumo de embutidos es muy importante y constituye una buena fuente de proteínas de alto valor biológico. En dietas hipocalóricas se deben elegir los que menos grasa contengan porque también tendrán menos calorías.

Hasta hace pocos años, cuando una persona iba al médico, aparte de otras medidas terapéuticas, se le recomendaba que no fumara, no bebiera y no comiera carne de cerdo. Sin hacer un panegírico del cerdo, hay que intentar poner las cosas en su sitio diciendo que muchos productos del cerdo, como el jamón, el lomo o el solomillo, son carnes muy recomendables, que aportan proteínas de alto valor biológico y una razonable cantidad de grasa importante. El lomo de cerdo blanco tiene un 3% de grasa, igual que el jamón, si quitamos el tocino que está entre la piel y la magra. Hay que decir, además, que una cantidad de la grasa entreverada en la magra del cerdo es rica en ácido oleico, que como sabes es un ácido graso monoinsaturado, igual al que contiene el aceite de oliva. Es decir, es bueno para la salud porque protege contra la arteriosclerosis.

Sin embargo, hay embutidos como las sobrasadas, el tocino, el bacon, la longaniza, el salchichón o el fuet, que tienen una gran proporción de grasas y, por tanto, un alto valor calórico, no siendo recomendables en dietas hipocalóricas ni en personas con alteraciones del colesterol o los triglicéridos.

Mención especial merece el cerdo ibérico, por su sabor y por la manera de criarse. El hecho de que pase una parte de su vida comiendo libremente en el campo hace que sus jamones, lomos y carne fresca tengan una proporción muy alta, en torno al 50%, de ácidos grasos monoinsaturados, es decir, de ácido oleico. Esto ha llevado a comparar al cerdo ibérico con un olivo de cuatro patas.

Como última recomendación, lee siempre la etiqueta para conocer la composición del alimento que vayas a comer.

Patés

Fundamentalmente hay dos tipos de patés: los que se elaboran con hígado de cerdo o de otro animal finamente triturado, añadiendo después grasa, sal, especies y

EMBUTIDOS Y PATÉS	PESO NORMAL			OBESOS		
	Colesterol elevado	Triglicéridos elevados	Colesterol y triglicéridos elevados	Colesterol elevado	Triglicéridos elevados	Colesterol y triglicéridos elevados
Normal	No	No	No	No	No	No
Jamón serrano magro	Sí	Sí	Sí	Sí	Sí	Sí
Jamón ibérico	Sí	Sí	Sí	Sí	Sí	Sí
Salchichón, chorizo, sobrasada, etc.	No	No	No	No	No	No
Patés	No	No	No	No	No	No

a veces fécula, y los que se hacen con hígado de oca, pero con la característica de que la oca se ha alimentado con una dieta muy grasa, por lo que su hígado es muy graso (en francés, *foie-gras).* Estos últimos son los más apreciados y caros.

Pescados y mariscos

Pescados

En general, llamamos «pescado» a todo animal que vive en el agua y es comestible. Según la cantidad de grasa que contenga, podemos clasificar los pescados en tres grupos:

1) Pescado blanco: tiene menos del 5% de grasa y, además, casi toda en el hígado. Son pescados blancos el besugo, la carpa, el congrio, la lubina, el lenguado, la merluza, la pescadilla, el rape, el rodaballo, la dorada, el gallo, el bacalao y la trucha.

Al tener muy pocas grasas y carecer de hidratos de carbono, son muy recomendables en dietas bajas en calorías y en regímenes hiperproteicos, es decir, cuando sea preciso tomar muchas proteínas. Sin embargo, habrá que comerlos moderadamente cuando sea preciso restringir la sal, pues son ricos en sodio, o las proteínas, como sucede en casos de hipertensión y en enfermos renales.

2) Pescado semigraso: cualquier pescado que tiene entre el 5 y el 10% de grasa. A este grupo pertenecen el salmón, el salmonete, la sardina, el bonito, el jurel, la caballa y el boquerón.

3) Pescado graso o azul: el que tiene más del 10% de grasa. En este tipo de pescado, la grasa se encuentra repartida por todo el cuerpo. Son pescados azules el arenque, el atún, el esturión, la anguila y la angula.

En la composición del pescado intervienen los siguientes elementos:

- *Hidratos de carbono:* el pescado no contiene prácticamente hidratos de carbono.
- *Grasas:* como ya hemos visto, su contenido en grasas es variable: menor del 5% en el pescado magro o blanco, del 5-10% en el semigraso y más del 10% en el pescado graso. Estas grasas tienen la característica de que son muy ricas en ácidos grasos poliinsaturados y, por tanto, beneficiosas para la salud. Su contenido en colesterol oscila entre 45 y 85 mg por cada 100 g de alimento.
- *Proteínas:* la concentración de proteínas del pescado oscila entre el 17 y el 20% de su peso. Su valor biológico es muy alto, es decir, son muy buenas proteínas. Además de estas proteínas, el pescado fresco tiene en su composición aminoácidos libres, que son los que le dan gran parte de su sabor. A medida que pasa el tiempo desde que el pescado es capturado, los aminoácidos se trasforman en amoniaco, lo que produce mal olor.
- *Vitaminas:* el hígado de algunos pescados como el bacalao o el atún es muy rico en vitaminas A y D. Muchos adultos recordarán que de niños les dieron aceite de hígado de bacalao, antes de que existieran preparados farmacéuticos de vitamina A y vitamina D. El hígado de pescado tiene también vitaminas B_1, B_2 y B_{12}, pero carece de otras vitaminas o las contiene en muy escasa cantidad.
- *Minerales:* los pescados son ricos en minerales como el yodo, el fósforo, el potasio y el sodio. Si son pequeños, como los boquerones o los chanquetes, y se comen enteros, con cabeza y espina, son una importante fuente de calcio.
- *Agua:* el 70 o el 80% de los pescados es agua.

Moluscos y crustáceos

Son moluscos las ostras, las almejas, los mejillones, el pulpo y los calamares. Son crustáceos la langosta, las cigalas, los langostinos, las gambas, los percebes y los cangrejos.

Todos los moluscos y los crustáceos son pobres en sodio y muy ricos en fósforo, yodo, hierro y cobre. Casi no tienen vitaminas.

Las ostras, las almejas, los mejillones, la langosta y los calamares tienen una cantidad de grasa que oscila entre el 0,5 y el 2% de su peso. Las gambas tienen el 3% de grasa. Con respecto al colesterol, las gambas, la langosta y los langostinos tienen entre 130 y 140 mg por cada 100 g de sustancia comestible. El resto de la grasa que contienen está formada por ácidos grasos poliinsaturados, por lo que no es malo comerlos alguna vez, sobre todo si nos invitan.

Los moluscos y los crustáceos contienen entre un 16 y un 18% de proteínas. Es decir, 100 g de marisco tienen de 16 a 18 g de proteínas; el resto, un 80%, es agua.

PESCADOS Y MARISCOS	PESO NORMAL			OBESOS		
	Colesterol elevado	Triglicéridos elevados	Colesterol y triglicéridos elevados	Colesterol elevado	Triglicéridos elevados	Colesterol y triglicéridos elevados
Blancos	Sí	Sí	Sí	Sí	Si	Sí
Semigrasos	Sí	Sí	Sí	Sí	Sí	Sí
Grasos o azules	Sí	Sí	Sí	Sí	Sí	Sí
Moluscos: almejas, pulpo mejillones, calamares*	Sí	Sí	Sí	Sí	Sí	Sí
Crustáceos*: cigalas, gambas, langostinos	Sí	Sí	Sí	Sí	Sí	Sí

* Estos alimentos no deben ser consumidos con frecuencia.

Características de los pescados frescos

El pescado fresco es un producto perecedero con el que hay que tener mucho cuidado para evitar el crecimiento de bacterias que puedan estropearlo.

Las principales características del pescado fresco son:

- Olor a mar en los de origen marino y aromático en los de agua dulce.
- Ojos brillantes y abombados hacia fuera.
- Rigidez y firmeza en su carne.
- Escamas firmes y brillantes.

Conservación del pescado

- *Pescado fresco:* se debe guardar limpio en el frigorífico y consumirlo como máximo a las 24-48 horas de su compra. Ha de mantenerse aislado de los otros alimentos para que no les transmita su olor. El pescado se puede conservar también congelado, salado, ahumado y en conserva.
- *Pescado congelado:* cuántas veces has oído la expresión «No me puedo mover. Estoy helado». En el organismo de cualquier ser vivo se desarrollan continuamente reacciones químicas que son más rápidas cuanto más alta es la temperatura, dentro de unos límites. Si la temperatura baja, las reacciones químicas se desarrollan más lentamente, como sucede al introducir un pescado en el frigorífico, a una temperatura de 4 °C.

  Si ese pescado tiene bacterias, éstas también se desarrollarán muy lentamente, aunque a esa temperatura no se impide totalmente su desarrollo. Por eso, el frigorífico, que mantiene una temperatura de entre 4 y 6 °C, conserva los alimentos durante un corto período de tiempo, porque, aunque sea lentamente, las bacterias siguen creciendo y multiplicándose.

Si sometemos el pescado a una temperatura inferior a 0 °C, el agua que hay dentro de las células se congela y en ese ambiente helado ya no se producen las reacciones bioquímicas: se detiene la maquinaria de las células que permanecen en reposo. También las bacterias quedan en reposo, no pueden desarrollarse e incluso algunas de ellas llegan a morir, porque al congelarse el agua que contienen se forman cristales de hielo que pueden romper sus estructuras vitales. Cuando el pescado se descongela, las bacterias vuelven a multiplicarse, excepto las que han muerto.

Vemos, pues, cómo la congelación permite conservar el pescado durante mucho tiempo manteniendo todas sus características. Ahora bien, para que el resultado sea óptimo, el pescado debe congelarse nada más ser capturado. Las bacterias y los gérmenes que contenía al ser congelado empezarán a reproducirse cuando se descongele. Por eso es imprescindible mantenerlo congelado hasta que se vaya a usar para cocinar.

Si se descongela, no se debe volver a congelar, pues en cada proceso se desarrollan más bacterias y, además, los cristales de hielo que se forman y se derriten en cada uno de ellos destruyen estructuras de las células y deterioran las características del pescado. Por tanto, no se debe romper nunca la cadena del frío, es decir, el pescado congelado en alta mar no ha de ser descongelado hasta que vaya a ser utilizado y una vez descongelado se debe cocinar sin demora.

- *Pescado salado:* es una técnica de conservación anterior a la congelación. Se utiliza sobre todo para el bacalao, el atún o el bonito. El bacalao salado tiene un 60% de proteínas y es muy buen alimento guisado con patatas o verduras. Como contiene mucha sal, se puede desalar previamente.

En la región de Murcia no es difícil encontrar bonito salado. Se toma como aperitivo, junto a una cerveza, acompañado de tomate y habas tiernas frescas. Se lo recomiendo a quien no lo haya probado.

- *Pescado ahumado:* los pescados también se pueden ahumar. Esta técnica de conservación se utiliza sobre todo con el salmón, el arenque, el bacalao, la palometa o la trucha. La alta temperatura del humo seca el pescado y retrasa o destruye el desarrollo de bacterias y gérmenes. El problema es que se añaden al pescado productos tóxicos procedentes de la combustión que produce el humo, sustancias cancerígenas perjudiciales para el organismo.

  Los pescados ahumados se conservan bien siempre que no les dé el aire y que no haya mucha humedad.

- *Conservas de pescado:* para hacer pescado en conserva sólo es preciso limpiar y trocear el pescado o el marisco y cocinarlo al natural, con tomate, escabeche o cualquier otra salsa. Llegado este punto, se introduce con agua o aceite en una lata metálica o en un tarro de cristal que cierre herméticamente y se esteriliza con vapor a alta temperatura. No es frecuente utilizar conservantes o aditivos.

  La composición de estos alimentos es la del pescado o marisco que contengan, además del aceite o del aliño con que estén hechos. El valor calórico va a depender de que les quitemos o no todo el aceite, es decir, que lo escurramos bien o no.

- *Pescado desecado:* es un método que se suele seguir con pescados pequeños, que se abren y se exponen al aire y al sol para que se sequen. Se hace con pescados no grasos.
- *Salazones:* es una técnica para conservar pescado conocida en el Mediterráneo desde tiempos anteriores al Imperio romano. Si cubrimos un pescado con sal, ésta absorberá el agua y producirá una deshidratación importante. La vida no puede desarrollarse en el interior de las células, que perderán el agua y se colapsarán. Una vez que la sal inicial se humedece con el agua que ha extraído de las células se sustituirá por otra nueva, con lo que se consigue secar el pescado y que éste se impregne de sal. Este pescado salado, en el que ya no pueden desarrollarse los gérmenes, se cuelga al aire para que pierda más agua y mejore su conservación.

  El bacalao salado es un alimento muy conocido. Para eliminar la sal, basta con dejarlo a remojo en el frigorífico durante 24 horas, cambiándole el agua tres veces, y después lavarlo antes de cocinarlo.

Huevos

Los huevos son yema en un 30% de su peso y clara en un 60%. El 10% restante corresponde a la cáscara.

La yema del huevo tiene un 16% de proteínas, un 30% de grasa y 250 mg de colesterol. Es rica en hierro y vitaminas del grupo B, A, D y E.

La clara es prácticamente albúmina pura, la mejor proteína que existe. Cruda se digiere mal y sólo se asimila en un 50%, pero con el calor se coagula y mejora su asimilación hasta el 95% de su peso.

Los huevos nunca deben comerse crudos, pues se desperdicia una gran parte de sus proteínas, pueden transmitir enfermedades infecciosas y tienen sustancias que actúan contra las vitaminas.

Un huevo de tamaño medio tiene 85 calorías, 65 en la yema y 20 en la clara. Las personas con colesterol o triglicéridos altos pueden tomar un huevo dos veces a la semana. En muchas ocasiones tomamos huevos sin ser conscientes de ello, ya que se utilizan en alimentos elaborados como salsas, pastas, batidos, helados, pasteles y dulces. Por tanto, vuelvo a insistir, siempre que se compre un producto elaborado hay que leer la etiqueta de información nutricional para saber lo que contiene. Si esa información no se entiende es porque está mal explicada y, en ese caso, no se debe adquirir el producto.

Grupo III: Patatas, legumbres y frutos secos

Patatas

Para mí no cabe ninguna duda de que las patatas son un buen alimento, pues contienen 18 g de hidratos de carbono complejos —almidón— por cada 100 g de patata. Estos hidratos son buenos para el organismo, ya que pasan a la sangre poco a poco.

La patata tiene también un 2% de proteínas y un poco de calcio, hierro y vitamina B. Entre el 75 y el 80% de su peso es agua y un 2% fibra.

Muchas personas consideran que la patata no es un buen alimento porque creen que engorda mucho, lo cual no es cierto: 100 g de patatas tienen sólo 85 calorías. Por tanto, la patata al horno, asada o cocida, no tiene muchas calorías. Si están fritas, sí aumentan sus calorías por el aceite que absorben.

Recuerda

Para saber exactamente cuántas calorías tienen tus patatas fritas, haz lo siguiente: mide la cantidad de aceite que vas a poner en la sartén para freírlas, después echa 100 g de patatas y fríelas. Escúrrelas bien y, cuando el aceite se haya enfriado —no lo hagas antes—, mide el que quede en la sartén. La diferencia entre el peso inicial del aceite y el que queda ahora es el que han absorbido las patatas. Si, por ejemplo, hay 20 g menos, quiere decir que tus 100 g de patata tienen ahora 20 g de aceite y, por tanto, las calorías que le corresponden son las 85 de los 100 g de las patatas más las 180 del aceite (20 × 9). El total de calorías de los 100 g de patatas fritas es:

$$85 + 180 = 265$$

Lo que no debemos considerar un buen alimento son esas patatas chips que se venden en bolsas y contienen hasta un 40% de grasa, que nunca están fritas en aceite de oliva y tienen unas 500 calorías por cada 100 g. Yo a veces veo niños merendando una bolsa de patatas chips y un refresco de cola y se me ponen los pelos de punta.

En cuanto a las patatas prefritas, son rápidas de hacer porque se les ha hecho una fritura previa, pero si no pone en la etiqueta con qué aceite se han prefrito, no las compres. No es suficiente con que ponga «en grasas vegetales»; debe decir claramente si se han frito en aceite de girasol, de maíz u otro cualquiera. Al terminar de freírlas en casa, cogen las misma cantidad de grasa que las que nosotros hacemos.

De la patata se obtiene la fécula de patata deshidratada, que luego se hace polvo o copos y se emplea en salchichas, fiambres y chucherías como los gusanitos.

Es preciso saber que cuando las patatas están calientes las moléculas del almidón se rompen y pasan a la sangre con más facilidad que si está fría. Al freírlas se rompen más enlaces que al cocerlas. Lo mejor es dejarlas que se enfríen un poco para que los hidratos de carbono complejos que tiene el almidón no rompan fácilmente sus enlaces y el paso a la sangre se produzca más lentamente.

Legumbres: garbanzos, lentejas y habichuelas

Son unos alimentos extraordinarios, que aportan al organismo unos 50 g de hidratos de carbono, 20 de proteínas, 4 de grasa y entre 10 y 12 de fibra por cada 100 g. Además, contienen vitaminas del complejo B, hierro y calcio, si bien es cierto que el hierro y el calcio no se absorben bien, es decir, no pasan a la sangre con facilidad.

Es muy aconsejable comer legumbres dos o tres días a la semana para que disminuya el riesgo de cáncer de colon, de estreñimiento y de hemorroides. Los diabéticos regularían mejor las cifras de glucemia, pues los hidratos de carbono que contienen, al ser complejos, pasan a la sangre poco a poco, que es lo que queremos. Además, la fibra que contienen retrasa todavía más ese proceso. También son recomendables para las personas con los índices de colesterol elevados, pues la fibra disminuye un poco su absorción.

Hay gente que cree que las legumbres son indigestas y no es así. Lo que ocurre es que la fibra que contienen produce gases a algunas personas, pero se ha comprobado que su consumo regular reduce las molestias por un fenómeno de habituación.

Frutos secos

Son alimentos saludables que hay que consumir en poca cantidad porque son muy calóricos: suelen tener alrededor del 50% de grasa, a excepción de las castañas, que sólo tienen el 2%. Son grasas poliinsaturadas, que tienen proteínas —alrededor del 20%— e hidratos de carbono en cantidad variable, dependiendo del fruto de que se trate. Así, las almendras tienen un 4% y las castañas un 32%. Consulta en la tabla de los alimentos su composición exacta.

Conviene resaltar que las almendras amargas no son comestibles, pues contienen ácido cianhídrico, que es venenoso. Con sólo 2 o 3 almendras amargas una persona puede tener dolor de cabeza y vértigos.

A veces los frutos secos se presentan salados, no siendo en absoluto recomendables para las personas con hipertensión, insuficiencia cardiaca o cualquier otra dolencia que implique la restricción de la sal.

PATATAS LEGUMBRES FRUTOS SECOS	PESO NORMAL			OBESOS		
	Colesterol elevado	Triglicéridos elevados	Colesterol y triglicéridos elevados	Colesterol elevado	Triglicéridos elevados	Colesterol y triglicéridos elevados
Patatas	Sí	Sí	Sí	Sí	Sí	Sí
Patatas fritas	Sí	Sí	Sí	No	No	No
Patatas chips	No	No	No	No	No	No
Legumbres	Sí	Sí	Sí	Sí	Sí	Sí
Frutos secos	Sí	Sí	Sí	No*	No*	No*

* Aunque las grasas que aportan los frutos secos no perjudican la salud, las personas obesas no deben tomar estos alimentos porque son muy calóricos.

Grupo IV: Verduras y hortalizas

Las verduras son un grupo de alimentos muy importante y necesario para mantener un buen estado de salud por las siguientes razones:

- Se puede comer una cantidad considerable de verduras y no por ello tomar muchas calorías, puesto que 100 g de verduras suelen tener entre 13 y 40 calorías.

- Aportan fibra soluble que, como ya se ha expuesto, contribuye a disminuir la absorción de las grasas y retrasa la absorción de los hidratos de carbono —por lo que son muy buenas para los diabéticos—, y fibra insoluble, que previene el estreñimiento.
- Aportan vitaminas A, C y complejo B, menos la vitamina B_{12}; minerales, como el magnesio o el fósforo, y sustancias antioxidantes, que evitan que otras se oxiden y, por tanto, son beneficiosas para la salud.
- Del 85 al 95% del peso de las verduras es agua. Las escasas calorías que tienen proceden sobre todo de los hidratos de carbono, que además pasan a la sangre lentamente por su riqueza en fibra. Algunas tienen pequeñas cantidades de proteínas.

La cantidad mínima de verdura que debe tomarse al día es de unos 400 g. Se ha comprobado que con una dieta rica en verduras disminuye la incidencia de enfermedades cardiovasculares como el infarto de miocardio o la trombosis cerebral. Esto es debido a que la fibra, las vitaminas y, sobre todo, las sustancias antioxidantes que contienen las verduras evitan, en parte, que las grasas de otros alimentos se oxiden y se depositen en las paredes de las arterias.

También se ha comprobado que una dieta rica en verduras disminuye la probabilidad de padecer cáncer de esófago, estómago, colon y vejiga, tanto en hombres como en mujeres, y el de mama, útero y ovarios en mujeres. Las verduras son muy recomendables para todas las personas y sobre todo para las que tienen altos el colesterol y los triglicéridos.

Las verduras congeladas mantienen las mismas propiedades que las frescas, siempre y cuando no se rompa la cadena de frío, es decir, que no se descongelen y vuelvan a congelar antes de su consumo.

Las verduras en conserva también mantienen todas las propiedades.

Por último, señalar que ha salido al mercado un grupo de verduras llamadas «cuarta gama», que se denominan así para diferenciarlas de las frescas, las enlatadas y las congeladas. Son verduras preparadas para tomar, limpias, lavadas y troceadas. Tienen la ventaja de que ahorran tiempo, pero son más caras, se estropean rápidamente y deben conservarse en un lugar refrigerado.

En octubre de 1998, la Organización Mundial de la Salud (OMS) presentó un programa para reducir la incidencia y la mortalidad debidas al cáncer. Además del diagnóstico precoz y del tratamiento adecuado, la OMS considera indispensable disminuir el consumo de grasas saturadas y aumentar el de verduras y frutas.

Muchos padres se quejan de que a sus hijos no les gustan las verduras. Les daré unos consejos para que las coman más:

- Que vean comer verduras a sus padres: «Las palabras convencen, pero el ejemplo arrastra».
- Mantener la paciencia: a un niño no se le educa en un día. La incorporación de las verduras a la dieta hay que hacerla poco a poco. Decirles que son sanas no facilita la labor, porque a los niños la salud no les preocupa.
- Suele haber siempre alguna que les gusta más, por lo que es indispensable probar con distintas verduras preparadas de distintas formas.
- Si la primera vez no les gusta, hay que intentarlo de nuevo pasados unos meses.

Aunque todas las verduras son buenas, quiero mencionar una en particular, porque a mí me gusta mucho y es motivo de discusión todas las noches en mi casa. Se trata del tomate. El problema no es que sólo me guste a mí, sino que también le gusta mucho a mis hijos y menos a mi mujer. Todas las noches preparamos, como parte de la cena, una fuente con tomate, aceite de oliva y un poquito de sal.

Aconsejo a los padres que, si no pueden comer con sus hijos por el trabajo u otras causas, se reúnan con ellos al menos para cenar —con la televisión apagada, por supuesto—, que hablen y les enseñen buenos hábitos alimenticios.

Yo prefiero comer el tomate en fresco y, si hay que hacerlo frito, se prepara en casa con aceite de oliva. El tomate, aparte de agua, vitaminas y fibra, tiene un potente antioxidante llamado licopeno. Como no todo el mundo vive en Murcia, donde nunca falta el tomate en fresco, te recuerdo que la industria elabora los tomates de la siguiente forma:

- *Tomate natural pelado:* puede sustituir al tomate en fresco para ensaladas, salsas o fritos.
- *Tomate natural triturado:* igual que el anterior pero triturado.
- *Zumo de tomate:* lleva más agua que los anteriores.
- *Concentrado de tomate:* tomate al que se le ha eliminado parte del agua.
- *Tomate frito:* como siempre, aconsejo leer la etiqueta de información nutricional para ver con qué tipo de aceite y en qué proporción ha sido frito. Conviene también saber qué productos le han añadido al tomate; suelen ser azúcares, féculas, especias, sal y a veces también espesantes y potenciadores de sabor. Igualmente es importante comprobar las calorías que tiene.
- *Ketchup:* salsa elaborada a partir de concentrado de tomate, a la que se le ha añadido azúcar, fécula, acidificante —vinagre o ácido cítrico—, sal y

especias; a veces también lleva espesantes y conservantes. Comprueba las calorías que tiene, que no deben de ser muchas, pues los componentes esenciales son el tomate más los hidratos de carbono del azúcar y de la fécula —entre 90 y 95 calorías por cada 100 g—. El ketchup no es un alimento malo, lo que ocurre es que se consume junto con otros que no son deseables, como las hamburguesas o las salchichas.

Existen otras muchas salsas elaboradas a base de tomate que no voy a entrar a describir, pero recomiendo que se lea siempre la etiqueta de información nutricional para saber de qué están hechas.

Grupo V: Frutas y sus derivados

Las frutas constituyen un grupo de alimentos extraordinariamente importantes para mantener un buen estado de salud. Contienen mucha agua —entre el 75 y el 90% de su peso—, vitaminas C, A y complejo B —menos la vitamina B_{12}— y minerales. Las frutas son, en general, alimentos poco calóricos. Sus calorías proceden sobre todo de los hidratos de carbono que contienen, a excepción del aguacate, que tiene bastante grasa —un 12%—, si bien es una grasa buena para la salud (consulta en la tabla de composición de los alimentos las distintas frutas). El coco también es rico en grasa —un 34%—, pero, a diferencia del aguacate, esta grasa es perjudicial para la salud.

Todas las frutas, excepto el coco, son saludables. Como mínimo, deben consumirse entre 400 y 500 g al día. Lo importante es variar, no comer siempre la misma, aunque si a uno le gustan mucho las naranjas o las peras no hay inconveniente en que todos los días coma una pieza, pero sin olvidar las demás.

Estudios epidemiológicos a largo plazo han demostrado claramente que las personas que consumen de manera habitual fruta tienen muchas menos probabilidades de sufrir diversos tipos de cánceres y también menos problemas coronarios, como infartos o trombosis.

Actualmente sucede con frecuencia que se está cambiando el postre de fruta por yogur u otros productos derivados de la leche, y eso es un grave error. A veces intentan engañarnos con el argumento de que es un yogur de fruta, pero sólo lleva una cantidad mínima que no es valorable; o con sabor a frutas, es decir, con aditivos que consiguen un sabor similar al de la fruta.

Frutas desecadas

Son frutas, como los higos, las uvas pasas, las ciruelas, los orejones, etc., que han perdido el agua debido a un proceso de deshidratación natural o artificial, pero no los nutrientes. Al carecer de gran parte de su agua, 100 g de una de esas frutas contienen muchos hidratos de carbono, en su mayoría sencillos, por lo que no son recomendables para las personas diabéticas, a no ser que las tomen en muy pequeña cantidad. Aportan también fibra y vitaminas. Consulta en la tabla de composición de los alimentos la cantidad de hidratos de carbono que tiene cada una de las frutas secas.

Frutas en almíbar

Son aquellas que se pelan, se lavan, se les quita el hueso si lo tienen, se cuecen y se meten en botes cubiertos por un líquido llamado almíbar, que es agua y azúcar al 18%. También llevan un ácido que generalmente es ácido cítrico. Los botes así rellenos se cierran herméticamente y se someten a un proceso de pasteurización.

Las frutas en almíbar conservan sus hidratos de carbono, su fibra y algunas de sus vitaminas. El problema es que se les ha añadido azúcar para conservarlas, pero si las escurrimos bien tienen casi las mismas calorías que la fruta fresca.

¿Fruta o zumo?

Pienso que es mejor tomar fruta entera que zumo, porque con la fruta entera tomamos no sólo el jugo, sino también todo lo demás: más fibra, más vitaminas y seguro que también sustancias que incluso hoy podemos desconocer y quizá no lleguen al zumo. Para justificar esta opinión les voy a contar dos historias.

A principios del siglo XX, de la composición de los alimentos sólo se conocían los hidratos de carbono, las grasas y las proteínas. Se pensó en hacer una dieta artificial a base de estos tres componentes, con la misma proporción que tiene la leche, y dársela como único alimento a un grupo de ratas. El resultado fue que los animales dejaban de crecer y se morían pronto.

A esa misma dieta artificial se le añadió una escasa cantidad de leche, para que el aumento de hidratos de carbono, grasas y proteínas no fuera significativo. En este caso, el resultado fue que las ratas crecían con normalidad y vivían el tiempo habitual.

La experiencia demostró que había algo en la leche, distinto a los hidratos de carbono, las grasas y las proteínas, que era necesario para el crecimiento, el desarrollo y el mantenimiento de la salud. Investigaciones posteriores descubrieron que ese algo desconocido eran las vitaminas.

La segunda historia hace referencia al hecho de que muchas personas han atribuido a los ajos propiedades curativas, pero ha sido muy recientemente, en 1999, cuando una prestigiosa revista científica ha publicado el trabajo de unos investigadores que han descubierto en los ajos varias sustancias que contribuyen a disminuir los niveles de colesterol.

Además, la sensación de saciedad que produce la fruta es superior a la del zumo y, por otro lado, muchos zumos no proceden de fruta fresca, sino que están elaborados a base de un concentrado.

Así, en diciembre de 1998 se hizo público que la Asociación Española de Fabricantes de Zumos iba a denunciar a una empresa por la publicidad de uno de sus productos, que anunciaba como puro zumo de naranja aunque en realidad se trata de un concentrado pasteurizado al que se añade posteriormente pulpa para darle una mayor sensación de producto natural. La marca demandada produce zumo de naranja exprimiendo entre 2 y 3 kg de fruta para obtener un litro de zumo. Los dos se venden como producto fresco en la red de frío, pero son distintos y pueden llevar a engaño al consumidor. Hay otros zumos refrigerados hechos con polvos, pero, desde mi punto de vista, tienen razón los responsables de la marca que exprime fruta para obtener zumo y no los otros fabricantes.

- Los zumos son, teóricamente, todo zumo en un 100%.
- Los néctares de naranja deben tener al menos el 50% de zumo.
- En los refrescos a base de zumo, el contenido de éste debe ser superior al 8%.
- Los refrescos aromatizados o de extractos no tienen por qué llevar zumo y si lo llevan es en cantidad inferior al 8%.

Últimamente están llegando al mercado refrescos mixtos de fruta con leche, a los que les añaden la palabra «bio», como si salvaran la vida. Yo creo que todo este tipo de refrescos no se deben tomar con frecuencia y, por supuesto, antes de comprarlos hay que leer muy bien toda la información que lleven escrita en el envase. En caso de duda, no deben comprarse hasta que expliquen adecuadamente su composición. Muchos de ellos tienen un 10% de azúcares sencillos y, por tanto, no son apropiados para los diabéticos ni para las personas con triglicéridos altos.

Mermeladas y confituras

Las mermeladas y las confituras son conservas que se hacen añadiendo a la fruta más del 50% de azúcar y poniéndola a cocer. Después de envasadas, se someten a un proceso de pasteurización para evitar el desarrollo de los gérmenes.

Las mermeladas tienen unas 250 calorías por cada 100 g, es decir, son alimentos calóricos por la gran cantidad de azúcar que se les ha añadido. De la fruta mantienen algunas vitaminas y la fibra.

FRUTAS	PESO NORMAL			OBESOS		
	Colesterol elevado	Triglicéridos elevados	Colesterol y triglicéridos elevados	Colesterol elevado	Triglicéridos elevados	Colesterol y triglicéridos elevados
Todas menos el coco	Sí	Sí	Sí	Sí	Sí	Sí
Desecadas	Sí	No	No	No	No	No
En almíbar*	Sí	Sí	Sí	Sí	Sí	Sí
Zumos naturales	Sí	Sí	Sí	Sí	Sí	Sí
Mermeladas y confituras	Sí	No	No	No	No	No
Mermeladas light**	Sí	Sí	Sí	Sí	Sí	Sí

* Se deben consumir sin el almíbar y bien escurridas. No es aconsejable tomarlas con frecuencia.

** Lee la etiqueta de información nutricional para conocer la cantidad de azúcares y calorías que aporta.

En el mercado hay mermeladas *light*, que se elaboran con edulcorantes, y también mermeladas «sin azúcar», en las que el azúcar de mesa, la sacarosa, se ha sustituido por otras sustancias que endulzan, como el sorbitol. Vuelvo a insistir en que antes de comprar un producto de este tipo hay que leer siempre la etiqueta de información nutricional.

Grupo VI: Cereales, pan, pasta, arroz y azúcar

Los cereales

Los cereales son las semillas de plantas gramíneas cultivadas por el hombre para su alimentación.

Cuando se toman en su totalidad, los granos de cereales son los alimentos naturales más completos que existen, a excepción de la leche, y constituyen la base energética de cualquier alimentación. Nuestra sociedad, guiada por la idea de que engordan, está reduciendo el consumo de cereales y sustituyéndolos por otros productos elaborados ricos en grasas, que en verdad son los que más engordan.

El trigo

Cada grano de trigo está compuesto por una capa externa formada por el pericarpio y la testa, que es un tejido fibroso poco digestible, bajo la que se encuentra la aleurona, que es una fila de células muy ricas en proteínas. La capa externa y la aleurona representan aproximadamente el 12% del peso del grano. Debajo de la aleurona está el endospermo externo, una fina capa que representa el 2% del peso del grano y que envuelve a la siguiente capa, el endospermo interno, que representa el 83% del peso del grano.

En el extremo del grano está el germen, que se compone de la plúmula y la raíz, y está unido al endospermo por una estructura llamada scutellun. El germen representa el 3% del peso del grano, es rico en proteínas, grasas, hierro y vitaminas del complejo B y E, y se elimina totalmente en la harina blanca, mientras el scutellun es muy rico en vitamina B_1 y B_2, niacina y hierro.

En las harinas de más elevado nivel de extracción, el scutellun puede conservarse, mientras que en las harinas blancas no hay scutellun.

El endospermo interno está formado sobre todo por almidón. También tiene proteínas, aunque con menos concentración que en las capas externas; pero como representa el 83% del peso del grano, es la zona donde más proteínas hay.

El endospermo externo y la aleurona contienen proteínas, niacina y hierro.

Las harinas

La harina se obtiene de la molienda del trigo. Dependiendo del porcentaje de grano que utilicemos para hacerla, podemos distinguir varias clases. Una harina con un grado de extracción del 85% quiere decir que para hacer esa harina se utiliza el 85% del peso del grano y el 15% restante se elimina como salvado.

Existen varios tipos de harina:

- La *harina completa,* que es la que tiene un grado de extracción del 98%, es decir, para la obtención de esa harina se utiliza el 98% del peso del grano.
- Las *harinas con alto grado de extracción* (del 82 al 90%), que conservan el endospermo externo y la capa de aleurona y en ciertas condiciones también el scutellun.
- La *harina tipo cierzo,* que tiene un grado de extracción del 80%.
- La *harina semiblanca,* que tiene un grado de extracción del 72%.

- La *harina blanca,* que tiene un grado de extracción del 70% o menos.
- La *harina en flor,* que tiene un grado de extracción del 60%. El 40% restante se ha separado como salvado, y prácticamente sólo tiene el endospermo interno. Carece de vitaminas, excepto si se le añaden, en cuyo caso hablamos de harina en flor vitaminada.

El pan

El pan es un alimento extraordinariamente bueno. Se hace mezclando agua, harina, levadura y un poco de sal. Según el tipo de pan que sea, contiene entre un 50 y un 60% de hidratos de carbono.

Existen varios tipos de pan:

- *Pan blanco:* se elabora con harina refinada. Su composición en 100 g es:
  - Hidratos de carbono: 58%
  - Grasas: 0,8%
  - Proteínas: 7%
  - Fibra: 4%
  - Resto: 30,2%
- *Pan integral:* se elabora con harina integral exclusivamente. Su composición en 100 g es:
  - Hidratos de carbono: 49%
  - Grasas: 1,4%
  - Proteínas: 8%
  - Fibra: 9%
  - Resto: 32,6%
- *Pan con salvado:* se elabora con harina refinada y cáscara.
- *Pan mixto:* es pan blanco con un porcentaje de harina integral que es obligatorio poner en la etiqueta.
- *Pan tostado:* es pan al que se ha quitado parte del agua y se ha añadido un poco más de grasa para

mantenerlo durante algunos días en buenas condiciones.

– *Pan de molde:* se elabora de manera algo distinta, puesto que la masa ya fermentada se introduce en unos moldes y el calor le llega a través de las paredes y no directamente excepto en la cara superior, que se abomba y produce una corteza blanda.

El pan de molde dura más tiempo con la miga blanda porque se le añaden emulgentes o proteínas procedentes de leche o soja. Tiene también más humedad y es, por tanto, más susceptible de contaminación por mohos.

Para conservarlo más tiempo debe estar en un sitio fresco y seco. El endurecimiento es menor entre 21 y 35 °C. En el frigorífico el proceso se acelera. También se puede congelar.

Existen varios tipos de pan de molde:

– *Pan de molde blanco,* cuya composición por 100 g es:
  - Hidratos de carbono: 44,7%.
  - Grasas: 4,3%.
  - Proteínas: 8,8%.
  - Fibra: 4,5%.
  - Resto: 37,7%.

– *Pan de molde integral,* cuya composición por 100 g es:
  - Hidratos de carbono: 41,7%.
  - Grasas: 3,7%.
  - Proteínas: 9,7%.
  - Fibra: 5,1%.
  - Resto: 39,8%.

Errores más frecuentes sobre el consumo de pan

Existe la idea generalizada de que el pan es un alimento que engorda mucho. Pero, como sucede con otros alimentos, depende de la cantidad que tomemos. Unos 100 g de pan tienen alrededor de 240 calorías. Lógicamente, si le añadimos mantequilla o aceite, las calorías aumentan mucho; pero no son del pan, son de lo que le hemos puesto encima. Sucede lo mismo cuando el pan se utiliza para mojar en una salsa.

El pan tostado, como ya se ha visto anteriormente, tiene muchas más calorías que el pan normal, porque en 100 g de pan tostado hay menos agua, más harina y, además, tiene más grasa, que se le ha añadido para mantenerlo en buenas condiciones. Lo que sucede es que generalmente esa clase de pan se consume en menor cantidad que el pan normal.

Con las rosquillas y los picos sucede lo mismo que con el pan tostado: a igualdad de peso tienen más calorías que el pan normal, por las mismas razones.

La miga del pan tiene menos calorías que la corteza porque tiene más agua. Además, los hidratos de carbono de la corteza han roto sus uniones por acción del calor, y su digestión y paso a la sangre se hace más rápida. Por tanto, la glucosa en la sangre aumentará más rápidamente que con los hidratos de carbono contenidos en la miga.

Mucha gente cree que el pan de molde engorda menos que el normal porque es más suave. Sin embargo, ya se ha visto que tiene más calorías porque en su elaboración se introduce más grasa.

La pasta

La pasta —y no me refiero al dinero, sino a la pasta comestible— se elabora con harina de trigo, a la que se añade un 30% de agua. No se deja fermentar como el pan y se trabaja al vacío para evitar burbujas y pérdida de calor. Después se somete a un delicado proceso de desecación que elimina el agua sin que se produzcan grietas, decoloración o fragilidad.

Sucede con la pasta que, al cocinarla, una pequeña cantidad se hincha de agua y se transforma en una ración normal que no tiene muchas calorías. Pero a medida que le añadamos otros alimentos, como queso, atún o carne picada, el valor calórico de esos platos se incrementará.

Existen varios tipos de pastas según la forma que se le dé: macarrones, espaguetis, tallarines o fideos. La composición por 100 g es:

- Hidratos de carbono: 74%.
- Grasas: 1,8%.
- Proteínas: 12%.
- Fibra: 4 a 6%.
- Vitaminas: grupo B.

Las pastas pueden clasificarse también en tres grupos:

- *Simples:* son las elaboradas únicamente con harina de trigo.
- *Rellenas:* llevan un 25% de peso relleno.
- *Al huevo:* deben llevar 150 gramos de huevo (tres huevos medianos) por cada kilogramo de harina.

El arroz

El arroz que normalmente se consume es un arroz descascarillado. Al igual que sucede con el trigo —del que, como ya hemos explicado, se prescinde de la parte externa al hacer la harina—, este arroz pierde con la cáscara una parte muy importante de las vitaminas del grupo B y de los minerales que contiene. Su composición por 100 g es:

- Hidratos de carbono: 75%.
- Grasas: 2%.
- Proteínas: 8%.

El *arroz integral* es aquel que se comercializa como grano entero sin descascarillar, lo que hace que sea más rico en fibra y también en vitaminas y minerales. Desde el punto de vista nutritivo es mejor que el arroz descascarillado.

El maíz

Su composición por 100 g es:

- Hidratos de carbono: 71%.
- Grasas: 3%.
- Proteínas: 8%.
- Fibra: 2%.
- Agua: 13%.
- Resto: 4%.

PAN, PASTA, ARROZ, MAÍZ	PESO NORMAL			OBESOS		
	Colesterol elevado	Triglicéridos elevados	Colesterol y triglicéridos elevados	Colesterol elevado	Triglicéridos elevados	Colesterol y triglicéridos elevados
Pan blanco	Sí	Sí	Sí	Sí	Sí	Sí
Pan integral	Sí	Sí	Sí	Sí	Sí	Sí
Pan mixto	Sí	Sí	Sí	Sí	Sí	Sí
Pan tostado	Sí	Sí	Sí	Sí	Sí	Sí
Pan de molde	Sí	Sí	Sí	Sí	Sí	Sí
Rosquillas	Sí	Sí	Sí	Sí	Sí	Sí
Picos	Sí	Sí	Sí	Sí	Sí	Sí
Pasta simple	Sí	Sí	Sí	Sí	Sí	Sí
Pasta rellena	Sí	Sí	Sí	Sí	Sí	Sí
Pasta al huevo	No	No	No	No	No	No
Arroz	Sí	Sí	Sí	Sí	Sí	Sí
Maíz	Sí	Sí	Sí	Sí	Sí	Sí

Las personas obesas deben recordar que el pan tostado, las rosquillas y los picos tienen más calorías que el pan blanco. Consulta las tablas al final del libro.
El pan de molde tiene más grasas, por lo que es preferible consumir pan blanco o integral.

El azúcar

El azúcar común es sacarosa cristalizada o, lo que es igual, un azúcar simple formado por la unión de glucosa y fructosa.

Su composición química es siempre igual, independientemente de que proceda de caña o de remolacha. Su valor nutritivo se reduce a las calorías que aporta al organismo: 400 por cada 100 g. No aporta vitaminas, ni minerales, ni ninguna otra cosa que no sea energía; por eso reciben el nombre de «calorías vacías».

En principio, cuanto menos azúcar se tome es mejor, puesto que lo único que aporta son las llamadas calorías vacías. Muchas personas se preguntan por qué los médicos decimos que no es preciso tomar azúcar si el cerebro la necesita. La respuesta sería ésta: efectivamente el cerebro necesita 100 g de glucosa al día, pero esta glucosa, este azúcar, se puede aportar al organismo comiendo pan, patatas, legumbres, frutas, verduras, leche, etc., que también aportan vitaminas, minerales, fibra, etc.

Además, el hidrato de carbono que tienen el pan, las legumbres, etc., es como una cadena de muchos eslabones que pasan a la sangre poco a poco, lo que es mejor para el organismo que si pasaran de golpe —eso es lo que sucede cuando tomamos azúcar—. Otras personas dicen que también la fruta tiene azúcares sencillos y es cierto, pero la ventaja para la fruta es que aporta vitaminas, fibra, etc., y además esta fibra hace que esos azúcares simples pasen a la sangre más lentamente.

Yo no soy en absoluto enemigo del azúcar; simplemente te informo de lo que se sabe desde el punto de vista científico.

Una vez dicho lo anterior, haremos las mismas consideraciones que hemos hecho con otros alimentos.

AZÚCAR	PESO NORMAL			OBESOS		
	Colesterol elevado	Triglicéridos elevados	Colesterol y triglicéridos elevados	Colesterol elevado	Triglicéridos elevados	Colesterol y triglicéridos elevados
Azúcar	Sí	No	No	No	No	No
Miel	Sí	No	No	No	No	No

> **Recuerda**
>
> El azúcar sencillo puede elevar los triglicéridos de las personas que ya los tienen altos.
> Quien tenga el colesterol alto puede tomar azúcar o miel pero en pequeñas cantidades

Pasteles, dulces y galletas

Con frecuencia se consumen alimentos de pastelería o galletas sin saber con certeza qué se está comiendo.

La primera recomendación que te hago, relacionada con este tipo de alimentos, es leer la etiqueta de información nutricional antes de adquirirlos, y si es incompleta o no se entiende, no los compres.

Los datos mínimos que debe contener una información nutricional adecuada son éstos:

- Calorías en 100 g.
- Hidratos de carbono, sencillos y complejos.
- Grasas, especialmente el origen; no es suficiente con que ponga «vegetal», sino que ha de especificar si es de girasol, maíz, oliva, coco, palma o cualquier otro vegetal.
- Cantidad y tipo de ácidos grasos: saturados, monoinsaturados y poliinsaturados.
- Colesterol: recuerda que ningún alimento de origen vegetal tiene colesterol; luego si tiene algo de colesterol es que le han añadido grasa procedente de animales.
- Proteínas (origen).
- Fibra.
- Sodio (sal).
- Colorante y aditivos.
- Si ha sido enriquecido con algo, por ejemplo, vitaminas o calcio, deberá especificarse y decir en qué cantidad.

Además de esta información nutricional mínima, es necesario que incluya las calorías de cada pieza o cuántas piezas hay en 100 g; es decir, que los consumidores sepan exactamente qué es lo que van a comer.

En general, podemos decir que este tipo de alimento suele tener bastantes calorías, con abundantes grasas e hidratos de carbono sencillos, por lo que no son recomendables para las personas con colesterol o triglicéridos altos.

Los cereales expandidos para el desayuno

Son cereales a los que con técnicas industriales se les ha añadido algunos componentes, como vitaminas, glucosa o grasa vegetal. Los elaborados a base de arroz o maíz no contienen gluten. 100 g contienen unas 390 calorías. El 80% son hidratos de carbono y casi la mitad, o un poco menos, hidratos de carbono sencillos que se absorben rápidamente.

CEREALES	PESO NORMAL			OBESOS		
	Colesterol elevado	Triglicéridos elevados	Colesterol y triglicéridos elevados	Colesterol elevado	Triglicéridos elevados	Colesterol y triglicéridos elevados
Cereales expandidos	No	No	No	No	No	No

Lo más adecuado es que las personas con peso normal y colesterol alto no tomaran este tipo de cereales, porque aportan muchos hidratos de carbono sencillos y, además, muchas veces llevan grasa añadida —lee la etiqueta de información nutricional para saber la cantidad y el tipo de grasas que han utilizado en su elaboración—. Además, sería mucho más beneficioso para tu salud que en el desayuno tomaras unas tostadas de pan con aceite de oliva, que aumentan las HDL, el colesterol bueno.

Si tienes un peso normal y los triglicéridos altos, no debes tomarlos, ya que tu organismo puede formar triglicéridos con esos azúcares sencillos.

Si tu peso es normal y tienes el colesterol y los triglicéridos altos, no debes tomarlos, por las mismas razones expuestas en el caso anterior.

El cacao

El árbol del cacao da unas semillas del tamaño de las almendras, con aproximadamente un 54% de grasa. Más de la mitad de esa grasa contenida en las semillas se utiliza para hacer manteca de cacao. Hecha esta operación se tuesta y se muele la semilla del cacao y ya tenemos cacao en polvo, con entre un 20 y un 25% de grasa.

La grasa del cacao es saturada y, por tanto, no es aconsejable para las personas con colesterol y/o triglicéridos altos, ni para nadie. Hay también cacao desgrasado, al que se le ha quitado parte de la grasa, y azucarado, que es cacao normal o desgrasado al que se le ha añadido azúcar.

> **Recuerda**
>
> Lee siempre la etiqueta de información nutricional de cualquier producto elaborado.

Los cacaos del desayuno

Son preparados a base de cacao en polvo y azúcar que se añaden a la leche. Los hay solubles e instantáneos. Cada cucharada contiene unos 10 g, que aportan 40 calorías. Entre un 60 y un 80% son hidratos de carbono que aporta la sacarosa. Sólo un preparado *light* tiene menos del 30% de sacarosa, porque lleva un edulcorante llamado aspartamo; pero si se utilizan dos cucharadas (20 g), sigue aportando 80 calorías.

Los preparados de cacao llevan también almidón y lactosa, y a veces se les añade fécula de maíz o de trigo. Cuidado con los celíacos.

Los cacaos instantáneos incorporan lecitina, un componente graso que se utiliza para aumentar la solubilidad de los polvos, pero no es perjudicial para la salud.

¿Cuánto cacao tienen los cacaos del desayuno?

La legislación exige un mínimo del 32% en los productos de este tipo y un 25% cuando se trata de los cacaos en polvo llamados familiares. Esta denominación es técnica y no se refiere a que sean para la familia.

Recuerda

Los cacaos del desayuno contienen muchos azúcares sencillos y grasas que no son saludables.

CACAO	PESO NORMAL			OBESOS		
	Colesterol elevado	Triglicéridos elevados	Colesterol y triglicéridos elevados	Colesterol elevado	Triglicéridos elevados	Colesterol y triglicéridos elevados
Cacaos	No	No	No	No	No	No

Chocolate

Se hace con cacao. Generalmente se le añade manteca de cacao y a veces leche. No es aconsejable para ninguna persona con el colesterol y los triglicéridos elevados.

Bombones

No son aconsejables para las personas con el colesterol y los triglicéridos elevados.

Grupo VII: Aceites y grasas

El aceite

El aceite es grasa pura. Por tanto, cada gramo de aceite, sea del tipo que sea, aporta al organismo 9 calorías.

El aceite está formado por triglicéridos, que son un tipo de grasa formado por la unión de glicerol y tres ácidos grasos.

Análisis de los distintos aceites

Aceite de oliva

Está compuesto por los siguientes elementos:

- Ácido oleico (55-80%).
- Ácido linoleico (3-20%).
- Vitamina E.
- Provitamina A (sustancias que el organismo transforma en vitamina A).
- Compuestos fenólicos.

El ácido oleico, que es un componente fundamental del aceite de oliva, actúa beneficiosamente sobre los vasos sanguíneos. Aumenta los niveles de lipoproteínas de alta densidad (HDL), también llamadas colesterol bueno, porque limpia las paredes de las arterias, y disminuye los niveles de lipoproteínas de baja densidad (LDL), es decir, el colesterol malo, que es el que facilita que el colesterol se vaya depositando en las paredes de las arterias. Por tanto, tiene un doble efecto beneficioso: aumenta el colesterol bueno y disminuye el malo.

Pero las bondades del aceite de oliva no acaban en el beneficio que se obtiene al mantener limpias las paredes de los vasos arteriales, ya que también es vasodilatador y, por tanto, disminuye la tensión arterial; es antitrombótico, de forma que las personas que lo consumen habitualmente tienen menos riesgo de trombosis. El ácido linoleico es un ácido graso poliinsaturado (ω-6) que también resulta beneficioso para el organismo.

La vitamina E tiene una potente acción antioxidante. Si las grasas no se oxidan, se depositan menos en las paredes de las arterias y esto es saludable. La oxidación de la propia vitamina E impide que se oxiden los ácidos grasos. Por este motivo, yo la llamo «el guardaespaldas», porque es la que se lleva las tortas en lugar de los ácidos grasos. Los compuestos fenólicos también son antioxidantes, al igual que la vitamina A, que además protege las mucosas.

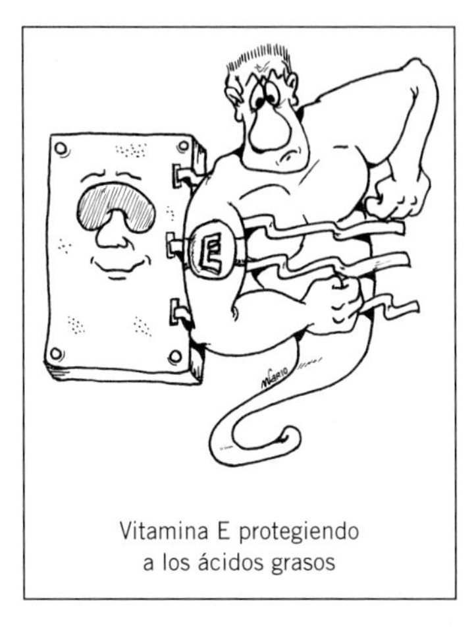

Vitamina E protegiendo a los ácidos grasos

Como ves, el aceite de oliva es una bendición de Dios, pero ni siquiera de las bendiciones se puede abusar, y por eso ahora estamos detectando que, como se ha dicho tanto que el aceite de oliva es bueno para la salud, y es verdad, hay personas que se toman dos cucharadas en el desayuno y a veces más. Esto no es correcto, ya que si se toma en exceso resulta perjudicial para el organismo.

Recuerda que un 30% de las calorías totales de la dieta deben ser en forma de grasa, pero no más. Y aunque dentro de las grasas la mejor sea el aceite de oliva, también hay que tomar del resto. Por tanto, aunque este aceite sea, sin duda, el mejor de todos y deberíamos usarlo todos para las ensaladas, los guisos, los fritos y las tostadas, no es bueno abusar de él.

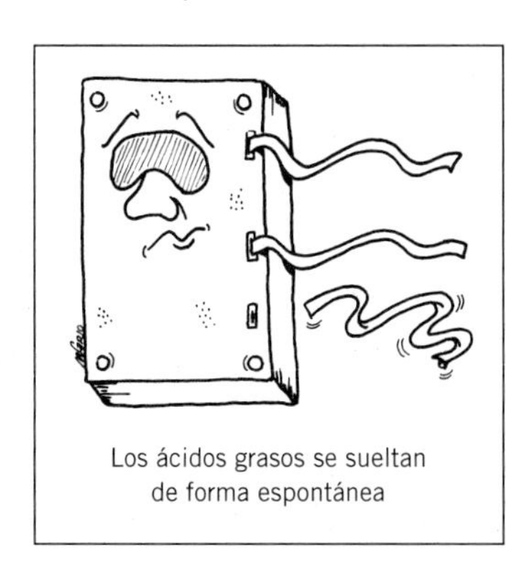

Los ácidos grasos se sueltan de forma espontánea

Los triglicéridos son grasa que ya está formada en la aceituna. En función de la temperatura y de la luz, los ácidos grasos se van soltando de manera espontánea en el interior de la misma aceituna. Cuantos menos ácidos grasos se sueltan de los triglicéridos más calidad tiene el aceite.

La calidad del aceite de oliva viene definida por dos conceptos: la acidez y el grado de oxidación:

- *La acidez* indica el número de ácidos grasos que se han soltado de los triglicéridos. Cuantos menos se sueltan menor es la acidez y mejor la calidad del aceite en cuanto al sabor. Desde el punto de vista nutricional, el grado de acidez no es importante.
- *El grado de oxidación:* ya hemos visto que hay sustancias en el aceite que retrasan la oxidación. El grado de oxidación determina la cantidad de ácidos grasos que ya se han oxidado. El proceso consiste en que los ácidos grasos se rompen donde se encuentra el doble enlace y da lugar a unos compuestos llamados peróxidos, que son perjudiciales para el organismo. Las temperaturas elevadas y la luz favorecen la oxidación. La cantidad de peróxidos que se forman se puede medir mediante métodos físicos y químicos.

Además, existen varios tipos de aceite de oliva:

- *Aceite de oliva virgen:* es el mejor. Se obtiene directamente. Es el zumo de la aceituna. Hay varias calidades:

a) Aceite de oliva virgen extra, con acidez máxima de 1°.
b) Aceite oliva virgen, con acidez máxima de 2°.
c) Aceite oliva virgen corriente, con acidez máxima de 3°.
d) Aceite de oliva virgen lampante, con acidez máxima de +3,3°; es un tipo de aceite que no se consume por su olor y sabor defectuoso, por lo que se utiliza para ser refinado.

– *Aceite de oliva refinado:* se obtiene a partir del aceite de oliva virgen, generalmente lampante, mediante técnicas de tratamiento químico llamadas de refinado. En el proceso de refinado pierde parte de sus características nutritivas. Su sabor es suave, poco intenso, agradable y uniforme durante todo el año.
– *Aceite de oliva:* es el resultado de mezclar el aceite de oliva virgen con el aceite refinado. Su acidez máxima es de 1,5%.

Como te habrás dado cuenta, yo de aceites entiendo bastante, pero hay una explicación, y es que mi padre tenía una almazara, lugar donde se tritura la oliva y se obtiene el aceite. Nosotros utilizábamos la «sipia», que es lo que sobra de la aceituna después de triturada y prensada, para iniciar el fuego de la chimenea en invierno, pues arde muy bien.

Otros aceites

Otros aceites, como el de girasol y el de maíz, también son buenos para la salud, pero mucho menos que el de oliva. La ventaja es que son más baratos. Si se usan para frituras, hay que saber que a partir de los 160 grados comienzan a echar humo y se producen sustancias tóxicas, por lo que en ningún caso se debe alcanzar esa temperatura.

El aceite de oliva soporta hasta los 210 grados sin que salga humo y se produzcan sustancias tóxicas. Por tanto, para las frituras es también el mejor. Se puede usar cinco o seis veces sin que llegue a los 210 grados, es decir, sin que eche humo.

Composición de los distintos aceites

Aceites	Ácidos grasos		
	Monoinsaturados	Poliinsaturados	Saturados
Oliva	80	8	12
Girasol	30	68	12
Maíz	28	58	14
Palma	38	9	53
Coco	16	1	83

Según el cuadro, podemos comprobar que los aceites de coco y de palma tienen una alta proporción de ácidos grasos saturados. Son los que, tomados en exceso, aumentan el colesterol y perjudican la salud.

La mantequilla

Como ya sabes, la mantequilla se obtiene de la crema de la leche. 100 g de mantequilla contienen 16 g de agua y 84 de grasa. El 35% de esta grasa son ácidos monoinsaturados; el 3%, ácidos grasos poliinsaturados, y el 62%, ácidos grasos saturados. Vemos, pues, cómo la cantidad de ácidos grasos saturados es muy alta y, por tanto, no es un alimento saludable que podamos tomar a diario. Se puede consumir mantequilla unas cuantas veces al mes.

La mantequilla también es un alimento rico en colesterol. 30 g de mantequilla tienen 100 mg de colesterol. Es rica en vitamina A y D y aporta 7,2 calorías por gramo. Al calentarla se modifica la estructura de sus grasas y aparecen sustancias irritantes para la mucosa del estómago que dificultan la digestión. Por eso, los alimentos cocinados con mantequilla provocan digestiones pesadas. Es preferible no usarla en la preparación de platos y utilizar aceite de oliva.

Una costumbre que se va imponiendo y resulta perjudicial para la salud es la que practican muchos restaurantes. Nada más sentarte a la mesa te sirven unas bolitas o unos paquetitos de mantequilla y pan. Como llegan con hambre, los comensales empiezan a tomar pan con mantequilla e igual se comen 10 o 15 g con 30 o más de pan. En total, entre 150 y 200 calorías que no vienen a cuento y, además, con muchas grasas saturadas.

Lo mismo pasa cuando en lugar de mantequilla te sirven patés.

Puestos a ofrecer algo para entretener la espera, mejor sería que obsequiaran con unas aceitunas o alguna verdura en crudo, como palitos de zanahoria o rabanitos redondos.

Para concluir, diremos que la mantequilla no debe ser tomada por obesos ni personas que tengan alto el colesterol o los triglicéridos.

Las margarinas

Hay que reconocer que con las margarinas hemos estado equivocados durante muchos años. Por un lado, se ha dado a entender que todas las margarinas son de origen vegetal y no es cierto. Por otro, nos han hecho creer que las de origen vegetal son buenas para la salud, pero está demostrado que eso tampoco es cierto.

Para entender cómo surgió este alimento nos hemos de remontar al año 1869, en la guerra franco-prusiana —siempre hay una guerra—. Había escasez de alimentos y se le encargó a un químico que hiciera un sustituto de la mantequilla. Las primeras margarinas se hicieron a partir del sebo del vacuno, es decir, eran una especie de mantequilla elaborada a partir de la grasa de la vaca y no con la grasa de la leche. Esas margarinas no tenían buen sabor.

Todavía hoy día se siguen haciendo margarinas que tienen su origen en grasas animales, como la manteca de cerdo. Son ricas en ácidos grasos saturados y, por tanto, perjudiciales para la salud. La ventaja que ofrecen es que son resistentes al calor y su precio es bajo. Estas margarinas no se comercializan en España para consumo directo, es decir, no nos las venden en recipientes para untarlas en el pan, pero sí se utilizan para la preparación de otros alimentos elaborados.

Las margarinas que sí se usan con mucha frecuencia son las de origen vegetal. Intentaré explicar cómo se hacen.

Como recordarás, los aceites vegetales de girasol o maíz son muy ricos en ácidos grasos poliinsaturados y por eso son líquidos a la temperatura ambiente. Si se introduce hidrógeno en algunos de esos dobles enlaces se está realizando una hidrogenación parcial, porque no se hace en todos los dobles enlaces, con lo que se consigue una nueva sustancia denominada margarina. Al tener menos dobles enlaces, es más espesa y, como sigue manteniendo doble enlace, tiene ácidos grasos monoinsaturados. Por esto se ha creído durante muchos años que era buena para la salud.

Sin embargo, estudios más recientes han demostrado que estos ácidos grasos parcialmente hidrogenados se comportan como los ácidos grasos saturados y, por tanto, no son saludables. Esto es debido a que el hidrógeno que se ha introducido a los ácidos grasos poliinsaturados no se ha situado de la misma manera que en los ácidos grasos monoinsaturados. Para entendernos: si tenían que estar encima del átomo de hidrógeno, se han colocado debajo.

Con frecuencia a las margarinas también se les añade vitaminas, sobre todo A, D y E.

Las margarinas son un alimento muy calórico, pues aportan 7,2 calorías por gramo, igual que la mantequilla, por lo que las personas obesas y las que tienen niveles altos de colesterol o triglicéridos deben evitarlas. Desde el punto de vista de la salud, la margarina es igual que la mantequilla.

La mayonesa

Es una salsa que si se elabora en casa contiene aceite de oliva, sal, huevo y zumo de limón. Las industriales están hechas con aceites vegetales, ya sea girasol, soja o cualquier otro, huevo entero o yema de huevo, vinagre y zumo de limón. La legislación permite también utilizar almidones y féculas, que se añaden para reducir la cantidad de aceite o huevo, y azúcares, que tienen una función conservante igual que la sal. Como siempre, recomiendo que antes de adquirir un producto elaborado se lea la composición.

Por ley, la mayonesa tiene que tener una cantidad mínima de grasa mayor del 65% y un contenido en huevo superior al 5%.

El contenido calórico de la mayonesa es alto: unas 720 calorías por cada 100 g.

La mayonesa es un alimento muy calórico, muy rico en grasas. No es aconsejable para las personas con colesterol o triglicéridos altos.

Las salsas finas

Son similares a las mayonesas. Se diferencian de ellas en que la cantidad de grasa y de huevo es menor. Así, para que una salsa se considere «fina», la legislación obliga a que tenga al menos un 30% de grasa y un 3% de huevo. Para conseguir la consistencia, llevan más almidones y azúcares.

Al tener menos grasa también tienen menos calorías, casi siempre unas 360 cada 100 g. Podemos decir lo mismo que de las mayonesas, pero al llevar menos grasas y menos colesterol son menos perjudiciales para la salud.

Otros productos

La industria ofrece continuamente nuevos productos. Antes de adquirirlos es necesario leer siempre la etiqueta de información nutricional y, si no está clara o no se entiende, renunciar a probarlos.

Una casa comercial ha sacado recientemente un producto con aspecto de mayonesa, pero que no lo es porque no lleva huevo. Está hecha a base de aceites vegetales, almidón, colorantes, etc. En resumen, simula mayonesa pero no lo es. Por tanto, sería preferible utilizar un aliño a base de aceite de oliva; pero si lo que deseas es el aspecto de la mayonesa y que no contenga colesterol, esta salsa podría ser un buen sustituto.

Los sucedáneos

La industria busca también sustancias similares a las grasas pero con pocas calorías, o que no se absorban y, por tanto, no pasen a la sangre.

Una de ellas es la olestra, una sustancia elaborada a partir de una molécula de azúcar y varios ácidos grasos. Se ha comprobado que si una molécula de sacarosa —azúcar común— se une a un ácido graso se forma un compuesto llamado sucroéster, que pasa en su totalidad a la sangre. Pero si en lugar de un ácido graso son dos los que se unen a la sacarosa, se forman los diésteres, que son compuestos que sólo pasan en un 50% a la sangre. Si el numero de ácidos grasos es superior a dos, aparecen los poliésteres de sacarosa, unos compuestos incapaces de pasar a la sangre. Esa característica hace que puedan utilizarse en productos de repostería, helados o aperitivos, a los que aportan el sabor de las grasas pero no sus calorías, puesto que no se absorben. Estos poliésteres de la sacarosa se conocen con el nombre de olestra, que a pesar de todas sus cualidades no ha tenido mucha aceptación.

También se están empleando otros compuestos obtenidos a partir de proteínas, con una forma esférica particular de una micra de diámetro, para la elaboración de productos bajos en calorías, como helados, mayonesas o yogures.

ACEITES, MAYONESA, MANTEQUILLA, MARGARINA, SALSAS	PESO NORMAL			OBESOS		
	Colesterol elevado	Triglicéridos elevados	Colesterol y triglicéridos elevados	Colesterol elevado	Triglicéridos elevados	Colesterol y triglicéridos elevados
Aceite de oliva	Sí	Sí	Sí	Sí	Sí	Sí
Aceite de girasol	Sí	Sí	Sí	Sí	Sí	Sí
Aceite de maíz	Sí	Sí	Sí	Sí	Sí	Sí
Aceite de coco	No	No	No	No	No	No
Aceite de palma	No	No	No	No	No	No
Mantequilla	No	No	No	No	No	No
Margarina	No	No	No	No	No	No
Mayonesa	No	No	No	No	No	No
Salsas finas	No	No	No	No	No	No

Los helados

Existen varios tipos de helados:

– *De agua:*
  - Polos: son hielo con azúcar, colorantes y saborizantes.
  - Sorbetes: tienen un 30% de aire y al menos un 30% de su peso en fruta.
  - Granizados: tienen un 30% de aire y son como polos o sorbetes en estado semisólido.

– *Helados de crema o de leche:* en principio no son aconsejables para ninguna persona con colesterol o triglicéridos elevados. De todas maneras, no causan daño si se toman de forma muy esporádica, pero es importante leer la etiqueta de información nutricional para saber la grasa y las calorías que tienen. Los de leche desnatada contienen menos grasas.
– *Helados de grasa no láctea o simplemente helados:* normalmente la grasa que llevan es de coco o palma y, por tanto, no son recomendables para ninguna persona con alteraciones del colesterol o de los triglicéridos.

Los helados menos recomendables son los llamados «americanos», que tienen del 12 al 17% de grasa. Tampoco lo son los helados de mantecado, porque llevan huevo, o los que tienen cubierta de chocolate o de sucedáneo de chocolate.

HELADOS	PESO NORMAL			OBESOS		
	Colesterol elevado	Triglicéridos elevados	Colesterol y triglicéridos elevados	Colesterol elevado	Triglicéridos elevados	Colesterol y triglicéridos elevados
De agua	Sí	Sí	Sí	Sí*	Sí*	Sí*
De crema o de leche	No	No	No	No	No	No
De grasa no láctea	No	No	No	No	No	No
Tipo americano	No	No	No	No	No	No
De mantecado	No	No	No	No	No	No

* Si consumen helados de este tipo, deberán tenerse en cuenta las calorías que aportan.

Las bebidas no alcohólicas

Dentro de este apartado existen varios tipos de bebidas:

– *Refrescos:* son agua a la que le pueden añadir varios productos: gas, colorantes, conservantes, etc., además de azúcar o de un edulcorante acalórico.

No se aconsejan a las personas que tengan los triglicéridos altos o que sean obesas. Sí pueden tomar refrescos *light*.

- *Bebidas isotónicas:* suelen contener muchos azúcares, por lo que no son aconsejables para las personas obesas o con los triglicéridos altos.
- *Bebidas energéticas:* suelen contener más azúcares que las isotónicas, por lo que no son aconsejables para los obesos o para personas con triglicéridos altos.
- *Zumos:* ya he dicho antes que prefiero siempre la fruta a un zumo, pero si a una persona le gustan los zumos, que lea la etiqueta de información nutricional y sabrá las calorías que tiene y los hidratos de carbono, sobre todo los sencillos, que aporta.
- *Néctares:* el néctar de fruta se elabora con el zumo de esa fruta, al que se le añade azúcar, fructosa o edulcorantes acalóricos, y agua. Son más aconsejables los que se han elaborado con edulcorantes acalóricos porque tienen menos calorías —sólo llevan el azúcar de la fruta—, y puede consumirlos cualquier persona si no se abusa de ellos. Los néctares de frutas a los que se añaden glucosa o fructosa no son recomendables para las personas con obesidad o triglicéridos altos.

Las infusiones

Café

El café contiene dos sustancias que pueden elevar el colesterol en la sangre: el cafeol y el kaweol. No obstante, si una persona toma dos o tres cafés al día, la cantidad de esas sustancias es tan pequeña que prácticamente no hay variación en los niveles de colesterol en sangre. No se aconseja, por tanto, tomar más de tres tazas de café al día.

El *café descafeinado* contiene también esas dos sustancias ya citadas, por lo que, tomado en exceso, puede aumentar el colesterol igual que el café normal.

Té

Pueden tomarlo libremente las personas a las que les guste, pues no repercute en las cifras de colesterol ni de los triglicéridos. El té, como el café, tiene cafeína, que como sabes es un estimulante. También hay té sin cafeína, es decir, descafeinado.

Si tomas té frío envasado de forma industrial, mira las calorías que indica la etiqueta de información nutricional, para comprobar si contiene azúcares. En caso afirmativo, no es recomendable para las personas obesas o con triglicéridos altos.

Las bebidas alcohólicas

Aunque más adelante hablaremos de ellas con más detalle, en un capítulo dedicado al alcohol y a los lípidos, podemos decir que, en general, las personas adultas con peso normal y colesterol que tengan costumbre de tomar una o dos copas de vino al día, o una o dos cañas de cerveza, pueden seguir tomándolas. Mientras que las personas que tengan los triglicéridos altos no deben ingerir bebidas alcohólicas, pues contribuyen a aumentarlos.

El resto de las bebidas alcohólicas —coñac, whisky, ginebra— no son aconsejables. En cuanto a las cervezas sin alcohol, las hay sin nada de alcohol —0,0%— y otras que contienen menos del 1%. En principio, dicha cantidad podría ingerirse sin problemas, ya que el número de calorías dependerá de los hidratos de carbono que contenga.

BEBIDAS	PESO NORMAL			OBESOS		
	Colesterol elevado	Triglicéridos elevados	Colesterol y triglicéridos elevados	Colesterol elevado	Triglicéridos elevados	Colesterol y triglicéridos elevados
Refrescos	Sí	No	No	No	No	No
Refrescos light	Sí	Sí	Sí	Sí	Sí	Sí
Isotónicas	Sí	No	No	No	No	No
Energéticas	No	No	No	No	No	No
Zumos*	Sí	Sí	Sí	Sí	Sí	Sí
Néctares*	Sí	Sí	Sí	Sí	Sí	Sí
Café	Sí	Sí	Sí	Sí	Sí	Sí
Té	Sí	Sí	Sí	Sí	Sí	Sí
Manzanilla, poleo	Sí	Sí	Sí	Sí	Sí	Sí
Cerveza sin alcohol	Sí	Sí	Sí	Sí	Sí	Sí
Cerveza	Sí	No	No	No	No	No
Vino	Sí	No	No	No	No	No
Vino dulce	No	No	No	No	No	No
Licores	No	No	No	No	No	No
Destilados	No	No	No	No	No	No

* Si llevan azúcares añadidos no son aconsejables para las personas obesas o con triglicéridos altos.

Sal

El organismo necesita 3 g de sal al día y toda la que tomemos de más hay que eliminarla por el riñón. Por tanto, en una dieta correcta se aconseja un consumo moderado de sal.

La sal no influye sobre los niveles de colesterol ni de los triglicéridos, pero sí sobre la tensión arterial, por lo que no es conveniente tomar más cantidad de la recomendada.

Cuando compres un producto envasado, comprueba qué cantidad de sal contiene.

Especias

Pueden ser consumidas habitualmente por las personas que tienen el colesterol y los triglicéridos elevados.

Vinagre

No actúa sobre el colesterol y los triglicéridos, por lo que puede ser consumido libremente.

Normas generales de la dieta

La primera norma básica que tiene que cumplir una dieta es contener el número de calorías necesario para que la persona que la siga llegue a tener el peso adecuado.

Para saber si nuestro peso es correcto, debemos usar el índice de masa corporal, el IMC —I, índice; M, masa; C, corporal— o índice de Quetelet, que fue quien lo descubrió:

IMC = el peso en kilogramos / la altura en metros al cuadrado

Veamos un ejemplo. Yo, Juan Madrid, peso 76 kg y mido 1,73 m, luego mi índice de masa corporal es:

$$IMC = 76/1{,}73 \times 1{,}73 = 25{,}4.$$

Calcula ahora tu IMC
Peso:
Mido:
Mi IMC es:

Cuando hayas obtenido el IMC, sabrás si hay o no obesidad, y su grado, utilizando las tablas siguientes:

IMC	Grado de obesidad
20-25	normal
27-29,9	grado I (sobrepeso)
30-34,9	grado II
35-39,9	grado III
> 40	grado IV (mórbida)

Un IMC comprendido entre 25 y 26,9 se considera normal, a condición de que no se presente acompañado de otros factores perjudiciales para el corazón, como hipertensión, tabaquismo o diabetes:

- Si, según las tablas, el resultado de tu IMC es normal, tendrás que hacer una dieta normocalórica, es decir, con las calorías suficientes para mantener el peso.
- Si el resultado es inferior a 20, quiere decir que estás muy delgado y tendrás que hacer una dieta con más calorías para ir ganando peso lentamente.
- Si el resultado de tu IMC es alto, quiere decir que te sobra peso y tendrás que hacer una dieta hipocalórica, es decir, baja en calorías, para ir adelgazando poco a poco.

De todo esto podemos deducir que cada paciente debe seguir una dieta diferente, en lo que respecta al número de calorías diarias.

La segunda norma que debe cumplir toda dieta es ser lo más variada posible, en función de los gustos del paciente. Es decir, que contenga los requerimientos nutricionales, pero además ser de su agrado.

Yo siempre digo que la mejor alimentación es la tradicional, la que hemos seguido muchos durante nuestra infancia, que consistía básicamente en lo siguiente:

- *Desayuno:* leche y pan tostado con aceite de oliva.
- *Media mañana:* bocadillo de queso, jamón serrano, atún, etc.
- *Comida:* una ensalada; un plato de guiso (lentejas, alubias, arroz, patatas con pescado o carne, etc.); pan y fruta.
- *Merienda:* un bocadillo, como a media mañana, y un vaso de leche.
- *Cena:* un hervido de patata y verdura con un huevo y otras noches carne o pescado; pan y fruta.

Todos los alimentos deben ser cocinados con aceite de oliva y poca sal.

Esta dieta de los años cincuenta y sesenta sigue siendo correcta. Lo único es que ahora somos adultos y, si no hacemos ejercicio físico, tendríamos que eliminar el bocadillo de media mañana y de la merienda y sustituirlo por fruta, para no engordar demasiado. Además, si queremos mantener nuestra salud en buen estado, debemos añadir a la dieta la práctica de ejercicio físico de forma regular.

Sin embargo, a pesar de que son muchas las personas que conocen los beneficios de esta dieta, los hábitos alimenticios, sobre todo de los niños, se están modificando hasta tal punto que la Sociedad Española de Nutrición Comunitaria ha tenido que elaborar un documento de consenso denominado *Guía alimentaria para la población española,* en la que, mediante un gráfico piramidal, se representan los alimentos que se deben tomar diariamente, algunas veces a la semana y pocas veces al mes:

- *A diario:* aceite de oliva y leche o sus derivados: yogur o quesos. Verduras, hortalizas y frutas. Uno o varios de estos alimentos: pan, arroz, pastas u otros cereales y patatas. Entre adultos, opcionalmente, una o dos copas de vino.
- *Algunas veces a la semana:* pescado, huevos, pollo, carnes magras, legumbres.
- *Pocas veces al mes:* pastelería, bollería, heladería, carnes semigrasas, grasas y derivados.

Las cantidades que debemos tomar de cada alimento, diariamente o algunas veces a la semana, vendrán determinadas en parte por nuestros gustos y en parte por la cantidad de calorías que queramos tomar. Pero, en cualquier caso, debe contener un mínimo de cada grupo para cubrir las necesidades básicas de los distintos compo-

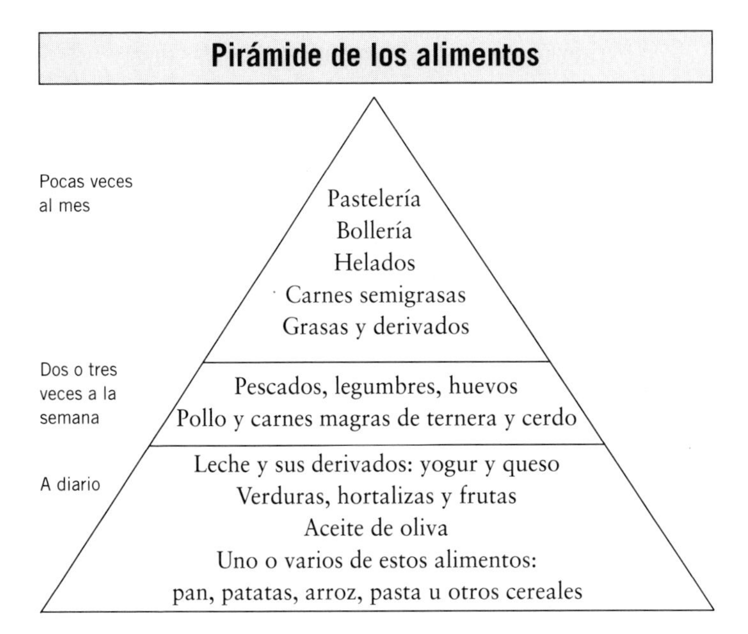

nentes de los alimentos. La dieta variará también para niños o adultos, puesto que, por ejemplo, los primeros necesitarán más leche y derivados que los segundos.

Las personas que tienen el colesterol o los triglicéridos elevados mantendrán esta pirámide, aunque con ciertas modificaciones:

- *A diario:* aceite de oliva, leche desnatada, yogur desnatado u otros derivados de la leche desnatados. Verduras, hortalizas y fruta. Uno o varios de estos alimentos: pan, pasta, arroz u otros cereales y patatas. Los adultos con colesterol alto —no los que tienen triglicéridos altos—, pueden tomar una o dos copas de vino.
- *Algunas veces a la semana:* pescado, carnes magras de ternera o cerdo, pollo legumbres, huevos.
- *Casi nunca:* pastelería, bollería, helados, bombones, chocolates, carnes semigrasas y grasas, fiambres como sobrasada o salchichón, patés, mayonesa, mantequillas y margarinas.

Pirámide de los alimentos para personas con el colesterol y los triglicéridos elevados

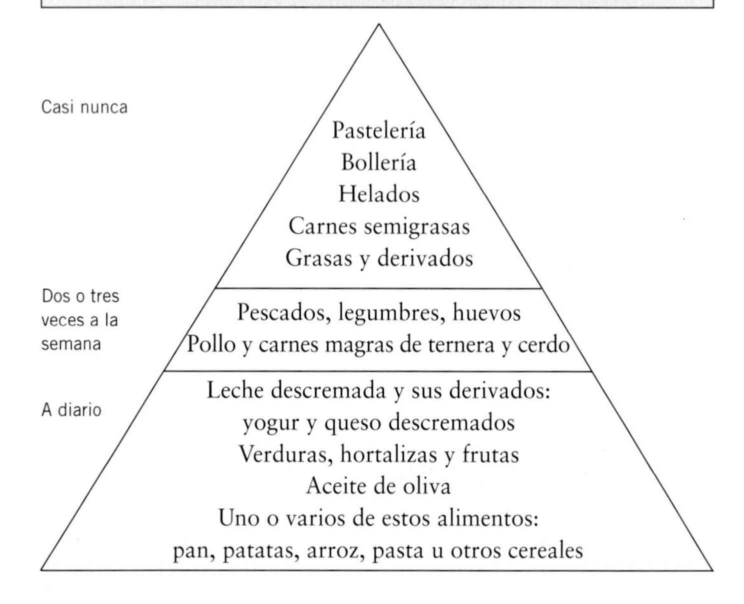

Comida rápida

La actual sociedad de consumo y los avances de la industria agroalimentaria proporcionan al ama de casa productos elaborados o semiterminados, con vistosos envases, que ahorran trabajo y tiempo. En los últimos años han aparecido y se ha generalizado el uso de nuevas tecnologías, como frigoríficos, congeladores y hornos microondas. La televisión, con sus influencias culturales procedentes de Estados Unidos, y la publicidad contribuyen a que ahora, en muchas casas, cuando existe mayor abundancia y diversidad de alimentos, estemos dando a nuestros hijos una dieta totalmente inadecuada, que se conoce con el nombre de *comida rápida*. Pertenecen a este tipo de dieta las hamburguesas, en sus diversas especialidades; las pizzas; las salchichas; los sandwiches; los aperitivos empaquetados; las patatas; las tortitas de maíz;

los ganchitos; las cortezas; la bollería infantil; algunos congelados y los precocinados.

Mañana saldrán al mercado otros productos y pasado mañana más, hasta que llegue un momento en que no podamos disfrutar de las comidas de la abuela, de las de siempre, de las de toda la vida.

Entre los principales *inconvenientes* de la comida rápida podemos citar dos:

- Aporta muchas calorías, entre 500 y 800 por ración, cifra que en muchos casos se incrementa si el postre son dulces, por ejemplo.
- La proporción de proteínas, grasas y de hidratos de carbono no es la correcta.

Componentes	**Proporción correcta**	**Proporción comida rápida**
Hidratos de carbono	50-60%	30%
Proteínas	15%	20-25%
Grasa	25-30%	40-50%
Fibra	abundante	poca
		Mucho sodio (mucha sal)
		Poco calcio, poco magnesio y poca vitamina B_1 y ácido fólico

Por todo lo expuesto anteriormente, podemos concluir que esta comida no es buena para nadie. Por eso hay quien la ha llamado «comida basura» y hay grupos de personas para las cuales es muy perjudicial:

- Los niños: crearles hábitos alimentarios basados en este tipo de comidas es perjudicial para su salud, porque cuando sean jóvenes tendrán problemas de arteriosclerosis, causados por el aumento

del colesterol y las grasas saturadas; obesidad; aumento de la tensión arterial, etc.
- Las personas con el colesterol o los triglicéridos elevados, porque estos alimentos los suben todavía más.
- Las personas obesas, porque aporta muchas calorías.

Capítulo 5

¿Por qué tengo el colesterol alto?

Ésta es una pregunta que los médicos hemos de contestar con mucha frecuencia. Cuando una persona me la hace, yo le respondo que primero le tengo que explicar qué es el colesterol en general y después me referiré a su caso concreto.

Hay personas que tienen el colesterol alto sin ninguna causa que lo justifique. Ni siguen una dieta inadecuada ni padecen enfermedad alguna que explique ese aumento de colesterol. En ese caso, los médicos decimos que esa persona tiene una hipercolesterolemia primaria de origen genético, es decir, que se transmite hereditariamente.

Dentro de las hipercolesterolemias primarias se pueden distinguir varias enfermedades distintas, que veremos con detenimiento.

Hipercolesterolemias primarias

Hipercolesterolemia familiar

Para que entiendas bien en qué consiste esta enfermedad, quiero que recuerdes que el colesterol, tanto el que procede de los alimentos como el que se forma en el hígado, circula por la sangre a bordo de las lipoproteínas de baja densidad, LDL, esos «barcos» que lo transportan hasta las células del organismo, donde el colesterol es necesario para muchas funciones. Lo normal es que esos barcos que circulan por la sangre lleguen a las células para dejar el colesterol, pero, para poder desembarcar su carga, las LDL tienen que localizar un punto de atraque en las células al que amarrarse.

Las células suelen tener muchos puntos de atraque para que numerosos barcos LDL puedan amarrarse simultáneamente y dejar su cargamento de colesterol. Así el organismo funciona con normalidad: el colesterol llega a las células y no hay muchas LDL circulando por la sangre.

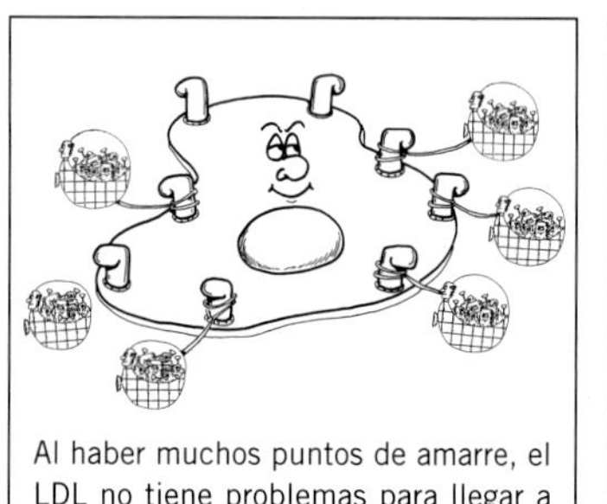

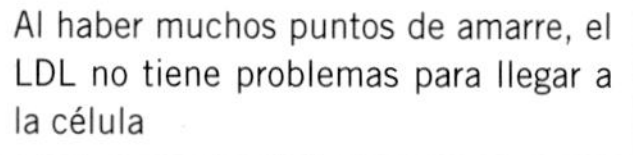

Al haber muchos puntos de amarre, el LDL no tiene problemas para llegar a la célula

Si no hay puntos de amarre, el LDL no puede llegar a la célula

La hipercolesterolemia familiar se caracteriza porque las células carecen de suficientes puntos de atraque para recibir a las LDL que circulan por la sangre. A esos puntos de atraque les llamamos en medicina receptores. Por tanto, en la hipercolesterolemia familiar las células carecen de los suficientes receptores o puntos de atraque para que las LDL —que hemos definido metafóricamente como barcos que transportan el colesterol— puedan amarrarse y depositar su carga.

Dentro de la hipercolesterolemia familiar se distinguen a su vez dos tipos:

a) *Hipercolesterolemia familiar homozigota*

Es una enfermedad muy poco frecuente, por suerte, que afecta a una persona de cada millón. Su característica fundamental es que las células no tienen receptores para las LDL, carecen de puntos de atraque para los barcos LDL, por lo que éstos siguen circulando en la sangre. Los niveles de colesterol en sangre de estos pacientes alcanzan valores que oscilan entre los 600 y los 1.200 mg/dl.

Este colesterol se deposita en la piel y en los tendones, y da lugar a unas elevaciones de color amarillento que se llaman xantomas. Las LDL se depositan también en las paredes de las arterias, y producen arteriosclerosis muy precozmente. Si estas personas no se tratan, en general pueden sufrir infartos de miocardio antes de los veinte años. Se trata, pues, de una enfermedad grave, aunque, como se ha dicho, muy poco frecuente.

b) *Hipercolesterolemia familiar heterozigota*

Esta variedad es mucho más frecuente. Afecta a una de cada 500 personas, y se caracteriza porque las células disponen de la mitad de los receptores para las LDL que existen en las células normales. Es decir, tienen la mitad de puntos de atraque para los barcos LDL que posee una célula normal y, por consiguiente, aumentará el nivel de LDL en sangre. Estos pacientes presentan una cifra de colesterol en sangre próxima a los 350 mg/dl, aunque puede ser muy variable, ya que hay personas con 250 y otras que alcanzan los 500 mg/dl.

Si hay menos puntos de amarre, algunas LDL no encuentran cómo llegar a la célula

El aumento del colesterol en la sangre produce arteriosclerosis, y es frecuente el infarto de miocardio en las personas con esta enfermedad a partir de los cuarenta años, si antes no se tratan de forma adecuada.

¿Cómo se puede diagnosticar a estos pacientes?

La hipercolesterolemia familiar homozigota es una patología muy fácil de diagnosticar. Las personas que la sufren tienen desde su nacimiento cifras de colesterol muy altas, entre 600 y 1.200 mg/dl, y les aparecen muy pronto los xantomas, depósitos de colesterol que proporcionan un color anaranjado o amarillento a piel y tendones.

La hipercolesterolemia familiar heterozigota, en cambio, resulta mucho más difícil de diagnosticar, puesto que hay niños y jóvenes que tienen cifras de colesterol altas y, sin embargo, no padecen esta enfermedad. Se intenta poder determinar de forma rutinaria el número de receptores a las LDL, es decir, los puntos de amarre de los barcos LDL que hay en sus células, puesto que, como ya sabemos, en esta enfermedad serán la mitad de lo normal. Al ser una enfermedad hereditaria dominante, la mitad de los familiares de primer grado, padres y hermanos, la padecerán. Éste es otro dato orientador para el diagnóstico.

Hipercolesterolemia poligénica

Dentro de las hipercolesterolemias primarias, o sea, las que no tienen su origen en otra enfermedad, la hipercolesterolemia poligénica es la más frecuente.

De 100 personas afectadas de hipercolesterolemia primaria, 85 tendrán hipercolesterolemia poligénica. Entre las características de esta enfermedad destacan las siguientes: empieza a aparecer a partir de los veinte años, no produce xantomas —esos depósitos de colesterol en piel y tendones que ya hemos descrito— y menos del 10% de los familiares de primer grado, padres y hermanos, la desarrollan.

Las cifras de colesterol que suelen alcanzar las personas afectadas están comprendidas entre los 260 y los 350 mg/dl.

No se sabe exactamente por qué se produce esta enfermedad. Quienes la padecen podrían ser personas que absorben mucho el colesterol de los alimentos, o bien aquellas en quienes los barcos LDL no puedan atracar adecuadamente en sus receptores, los puntos de amarre, aunque éstos sean normales.

Como esta hipercolesterolemia poligénica también favorece la arteriosclerosis coronaria, debemos tratarla con dieta y, si se precisa, con fármacos, como veremos más adelante.

Hipercolesterolemias secundarias

Siempre que un paciente consulte un problema de colesterol alto tendremos que descartar las siguientes enfermedades:

a) Hipotiroidismo

Todas las personas tenemos una glándula en el cuello, llamada tiroides, que produce una sustancia necesaria para la vida, la tiroxina. Cuando el tiroides no fabrica la cantidad de tiroxina necesaria, aparece el hipotiroidismo. Con esta enfermedad, todo en el organismo es más lento: la persona que la padece está más cansada, más estreñida, tiene más sueño, siente más frío, etc., y le aumenta el colesterol.

b) Síndrome nefrótico

El riñón es como un filtro, como un colador con unos agujeritos muy pequeños que permiten al organismo eliminar las sustancias tóxicas. Si por cualquier enfermedad ese filtro se altera y los agujeros que forman el colador se hacen mayores, se perderán sustancias que en condiciones normales deberían ser retenidas. Entre esas sustancias que se pueden perder con la orina están las proteínas. Si la pérdida de éstas supera los 3 g al día, se dice que la persona con esa anomalía tiene un síndrome nefrótico. Los análisis detectarán un aumento de proteínas en la orina y una disminución en la sangre. Además aumentará el colesterol.

c) Colostasis

La bilis y los ácidos biliares que produce el hígado pasan a través de un conducto hasta la vesícula biliar y de ahí al intestino. Estos ácidos biliares son necesarios para la absorción de las grasas. Cuando se produce una obstrucción en el conducto desde el hígado hasta el intestino que impide el paso de la bilis, se dice que hay una colostasis. A las personas que padecen esta obstrucción les aumenta el colesterol, aunque no es este el problema más importante, sino determinar qué causa —cálculos biliares, tumor, etc.— produce la obstrucción. Al tratar la causa de la obstrucción disminuirá también el colesterol.

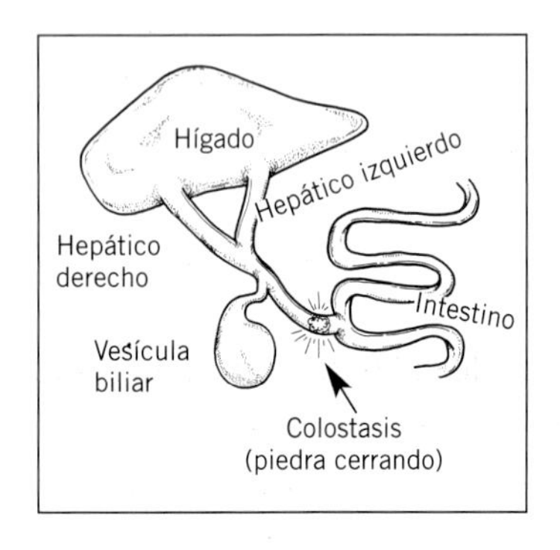

d) Anorexia nerviosa

El diagnóstico de anorexia nerviosa no es, en general, difícil. Sin embargo, sorprende a la gente saber que muchas de las personas que la sufren tienen el colesterol alto.

e) Fármacos

Algunos fármacos o sustancias que entran en la composición de preparados farmacéuticos inducen un aumento de colesterol en sangre:

- Amiodarona: es un fármaco empleado en el tratamiento de determinadas arritmias del corazón.
- Andrógenos: hormonas masculinas que algunos utilizan para aumentar la masa muscular, aunque no deben emplearse con ese fin.
- Progestágenos: los anticonceptivos orales llevan dos sustancias, estrógenos y gestágenos. Algunos gestágenos pueden aumentar el colesterol.

Al principio de este capítulo decía que no iba a hablar de tu caso en concreto. Ahora ya podemos analizarlo, incluso podrías hacerlo tú mismo.

Veamos: si no estás tomando ningún fármaco, habitualmente te encuentras bien y tienes un peso no muy bajo, prácticamente habremos descartado las hipercolesterolemias secundarias, aunque en caso de duda tu médico te pediría los análisis precisos para descartar el hipotiroidismo y el síndrome nefrótico. Si no tienes una hipercolesterolemia secundaria, debe de ser primaria, es decir, de las que se transmiten genéticamente, y sólo hay tres posibilidades: la primera es la hipercolesterolemia familiar homozigota, enfermedad, como ya hemos comentado, muy rara, con niveles de colesterol en sangre que se acercan a los 1.000 mg/dl y con xantomas, y además con familiares que ya padecen esta enfermedad. Como no posees esas características, no es ése tu caso.

Sólo te quedan dos enfermedades: la hipercolesterolemia familiar heterozigota, cuyo diagnóstico es más difícil, pero debe de haber un 50% de familiares de primer grado —padres, hermanos o hijos— que la tengan, así que a preguntar a la familia... Y si no tienes esos antecedentes familiares tan claros, padeces una hipercolesterolemia poligénica, la más frecuente de todas ellas. De todas formas, el médico puede afinar un poco más y enviar sangre a la asociación para la hipercolesterolemia familiar, donde podrán hacer el diagnóstico preciso. Ambas enfermedades, la hipercolesterolemia poligénica y la familiar heterozigota, tienen un tratamiento que inicialmente se basa en una dieta baja en colesterol y grasas saturadas y realizar ejercicio físico. Si con estas medidas no se controla, tu médico te indicará el fármaco que has de tomar.

¿Te das cuenta de lo fácil que es la medicina cuando se conoce?

Capítulo 6

¿Por qué tengo los triglicéridos altos?

Como en el capítulo anterior, ésta es también una pregunta que los médicos hemos de contestar con mucha frecuencia y, asimismo, en este caso, cuando un paciente me la hace le respondo lo siguiente:

– En primer lugar no me referiré a ti en concreto, sino que voy a hablar en general y después te explicaré tu caso.

Hay personas que tienen los triglicéridos altos sin ninguna causa que lo justifique. Ni siguen una dieta inadecuada ni padecen enfermedad alguna. Entonces los médicos decimos que esas personas tienen hipertrigliceridemia primaria de origen genético, es decir, que se transmite hereditariamente.

Hipertrigliceridemias primarias

Hiperlipemia familiar combinada

Hay una enfermedad llamada hiperlipemia familiar combinada que afecta al 1% de la población, pero es difícil de diagnosticar porque puede manifestarse de distintas formas.

Así, en algunas personas se manifiesta por cifras altas de triglicéridos; en otras, por cifras altas de colesterol, y en otras, por cifras altas de colesterol y triglicéridos.

Es más, un paciente puede tener una de estas alteraciones —el colesterol alto, o los triglicéridos altos o ambos—, y por cambios de la dieta, por el alcohol o por fármacos, pasar a sufrir otra alteración distinta de la que tenía al principio.

Para entender bien esta enfermedad pondré un ejemplo.

Imaginemos una persona de cuarenta años que en una analítica en la empresa le han encontrado colesterol 280 y triglicéridos 320, y un médico le ha dicho que haga un poco de dieta y que se repita los análisis al cabo de un mes. El paciente hace lo que le ha indicado el médico, y al mes tiene colesterol 230 y triglicéridos 360. El paciente no entiende nada: después de realizar la dieta le ha disminuido el colesterol, pero le han subido los triglicéridos, y piensa que el análisis está mal hecho; se lo repite a los quince días y presenta colesterol 260 y triglicéridos 340, y entonces entiende menos aún.

Piensa en no hacerse más análisis, pero, intrigado, comienza a preguntar a sus hermanos, a sus padres, a sus tíos si tienen algún problema de colesterol y triglicéridos, y resulta que uno le dice que no, pero otros le informan que tienen colesterol alto; otros, los triglicéridos altos, y otros, que les ha pasado lo mismo que a él: unas veces tienen unas cifras, y otras, valores distintos de colesterol y triglicéridos. Sigue preguntando y descubre que unos familiares toman medicación para bajarlos, pero a otros

Familia con hiperlipemia familiar

un médico les ha dicho que no tomen. El paciente en cuestión se encuentra perplejo, no sabe qué hacer, observa además que en su familia hay personas que están gordas, otras tienen diabetes, otras las dos enfermedades y otras ninguna.

Este paciente sufre una hiperlipemia familiar combinada, que se caracteriza por todo ese maremágnum al que me acabo de referir.

Es decir, en una familia en la que exista esta hiperlipemia familiar combinada, unos miembros tendrán el colesterol alto; otros, los triglicéridos altos; otros, ninguno; otros, el colesterol y los triglicéridos. Además, algunos tendrán diabetes, otros serán gordos, etc.

Con frecuencia, uno de los miembros de esa familia que presenta, por ejemplo, el colesterol alto, en otra analítica puede tener los triglicéridos altos y el colesterol normal, es decir, que cambia la alteración que sufre y que tanto desconcierta al paciente.

Esta enfermedad, relativamente frecuente, ya lo hemos dicho, es difícil de diagnosticar porque no hay ningún marcador específico de la patología, y la única manera que tenemos de diagnosticarla es precisamente la historia clínica que recoja los antecedentes familiares y esos en apariencia desconcertantes cambios de la analítica.

Del 10 al 20% de las personas que sufren una angina de pecho o un infarto tienen una hiperlipemia familiar combinada; por tanto, es muy importante diagnosticarla y tratarla. El tratamiento básico se hará con dieta y ejercicio moderado y a veces fármacos, como ya veremos en el capítulo de tratamientos.

Hipertrigliceridemia familiar

Ésta es una enfermedad hereditaria, es decir, que se transmite de padres a hijos, aunque no a todos, y que se puede manifestar a partir de los veinte años.

Se caracteriza por un aumento de los triglicéridos en la sangre, que oscila entre algo más de 200 y 750 mg/dl.

Algunos de estos pacientes tienen en principio una cifra no muy alta de triglicéridos, pero, por diversos factores externos, tales como ingestión elevada de grasas, dieta muy rica en hidratos de carbono, alcohol, medicamentos, etc., pueden elevarlos mucho. Entre los medicamentos capaces de ocasionar esto se encuentran los estrógenos —que se usan en los anticonceptivos orales y en ciertos tratamientos de la menopausia—, los corticoides —Urbasón, Dacortín, Zamene, etc., indicados en muchas enfermedades—, diuréticos tiazídicos —sustancias para orinar más y eliminar sal, y por eso se emplean en la hipertensión—, betabloqueantes —utilizados en la insuficiencia coronaria, hipertensión, etc.—.

¿Qué síntomas presentan las personas que padecen esta enfermedad?

Si la cifra de triglicéridos es menor de 500, no muestran síntomas y el diagnóstico se hará mediante un análisis de sangre. Si la cifra de triglicéridos es mayor de 1.000, pueden presentar crisis de dolor abdominal, incluso pancreatitis aguda —inflamación seria del páncreas—.

Con frecuencia, las personas con triglicéridos altos tienen obesidad, diabetes mellitus tipo 2, hipertensión, aumento del ácido úrico; una o varias de estas dolencias, pero también ninguna.

¿Cómo se diagnostica?

Lo característico es:

- Aumento de triglicéridos.
- Colesterol normal.

Como es hereditaria autosómica dominante y no existe ningún marcador específico para diagnosticar, es esencial este dato: el 50% de los familiares de primer grado, mayores de veinte años, tienen aumentados los triglicéridos. Es decir, si una pareja en la que uno de los dos, el hombre o la mujer, sufre de una hipertrigliceridemia familiar y tiene cuatro hijos, dos de ellos padecerán la hipertrigliceridemia familiar cuando tengan más de veinte años.

Hipertrigliceridemia familiar

Tratamiento

- Dieta: disminuir las grasas saturadas, los hidratos de carbono y el alcohol.
- Reducir peso si hay obesidad.
- Ejercicio físico.
- Evitar, si es posible, los fármacos que aumenten los triglicéridos.

Si con esto no se normaliza el nivel de triglicéridos, se podrá recurrir al uso de unos medicamentos llamados fibratos —que veremos en otro capítulo—.

Hipertrigliceridemia secundaria

Si una persona nos consulta por un problema de triglicéridos altos, ante todo deberemos averiguar si sufre alguna enfermedad de las que pueden aumentar los triglicéridos, y si el paciente tiene una de estas enfermedades, procederemos a tratarla y ver si se normalizan las cifras de triglicéridos.

Entre las enfermedades más frecuentes con ese efecto están:

a) Diabetes mellitus mal controlada

Por tanto, si una persona con diabetes presenta los triglicéridos altos, lo primero que habrá que hacer será controlar bien la diabetes, y si cuando ya lleve uno o dos meses con la diabetes controlada sigue teniendo los triglicéridos altos, tendremos que descubrir si se trata de un aumento de los triglicéridos familiar y si hay que ponerle tratamiento farmacológico.

b) Obesidad

Se asocia con frecuencia al aumento de los triglicéridos. La mayor parte de las personas obesas, al perder peso, normalizan la cifra de triglicéridos; si no ocurre así, habrá que valorar si precisan tratamiento farmacológico.

c) Hipotiroidismo

Ya se ha hablado sobre la glándula tiroides y sobre el hipotiroidismo. Cuando éste existe pueden aumentar los triglicéridos. Por tanto, si un paciente consulta esta circunstancia, debemos descartar el hipotiroidismo, lo cual es muy fácil, pues podemos medir en la sangre la tiroxina y comprobar si está baja.

d) Alcohol

El alcohol es una de las causas más frecuentes de hipertrigliceridemia secundaria. Hay personas que se toman una o dos copas de vino al día y otras tantas cervezas y tienen bien los triglicéridos, pero a otras personas esa misma cantidad de alcohol se los dispara. Por tanto, a una persona que tenga los triglicéridos altos hay que insistirle mucho en que no tome nada de alcohol. Yo he visto personas con 2.000 de triglicéridos que al dejar de beber se les han normalizado.

e) Fármacos

Los anticonceptivos orales, por los estrógenos que llevan, pueden aumentar los triglicéridos, pero también pueden aumentar las HDL, el colesterol bueno. Y aumentan también los triglicéridos otros medicamentos que tenían un efecto similar con el colesterol, como hemos visto anteriormente: los betabloqueantes, los corticoides, si se toman de forma continuada, y las tiazidas.

Una situación fisiológica, es decir, normal, en la que puede apreciarse un aumento de los triglicéridos es el *embarazo,* momento en el que aumentan los estrógenos y también pueden hacerlo los triglicéridos. En este caso nunca se tratarán con medicinas.

Al principio de este capítulo decía que no hablaría de ti en ese momento. Ahora ya podemos analizar tu caso; incluso lo podrías hacer tú mismo.

Veamos:

- Si estás tomando medicinas capaces de aumentar los triglicéridos, debes consultar a tu médico la posibilidad de cambiarlas por otras que carezcan de esos efectos. Si no tomas medicamentos, ya sabemos que ésa no es la causa de que tengas los triglicéridos altos.
- Si bebes cerveza, vino, etc., debes dejar de beber, y si se te normalizan, ésa era la causa. Si no tomas bebidas alcohólicas, ésta tampoco sería la causa.
- Si eres diabético y estás mal controlado o eres obeso, tienes que ponerte en contacto con tu médico para controlar bien la diabetes y ponerte una dieta para tratar la obesidad.

- Si no eres diabético, ni obeso, ni tomas bebidas alcohólicas, ni tienes hipotiroidismo, ni tomas medicinas, pero tienes los triglicéridos altos, entonces sufres una hipertrigliceridemia primaria, y debes preguntar a tus familiares de primer grado —padres, hermanos— sobre sus niveles de triglicéridos. Si la mitad de ellos los tienen altos, padeces una enfermedad llamada hipertrigliceridemia familiar. Si en tu familia unos tienen el colesterol y los triglicéridos altos; otros, sólo los triglicéridos; otros, el colesterol, y en ti mismo los análisis de colesterol y triglicéridos son variables, tienes la enfermedad llamada hiperlipemia familiar combinada.

Fácil, ¿no?

Capítulo 7

Por qué es perjudicial para la salud el exceso de colesterol: la arteriosclerosis

Antes de comenzar a hablar de esta enfermedad, daré algunos datos acerca de la sangre, así como de la composición y el funcionamiento de una arteria normal.

Composición de la sangre

La sangre esta formada por agua, células y otras muchas sustancias. Entre las células podemos distinguir varios tipos:

- *Hematíes o glóbulos rojos:* son los que llevan el oxígeno a los tejidos.
- *Leucocitos o glóbulos blancos:* son los encargados de la defensa del organismo. Dentro de los leucocitos hay varios tipos:
  - Polinucleares: atacan directamente a los gérmenes extraños al organismo.
  - Linfocitos: producen unas sustancias que actúan contra las bacterias. Es como si cada una de estas células llevara una pistola que disparara balas.
  - Monocitos: son más grandes y tienen un solo núcleo.
- *Plaquetas:* son células necesarias para la coagulación de la sangre. Cuando se produce una herida, se juntan muchas y forman trombos, que son los que hacen que se corte la hemorragia. A esta labor ayudan también otras sustancias llamadas factores de coagulación, como el fibrinógeno.

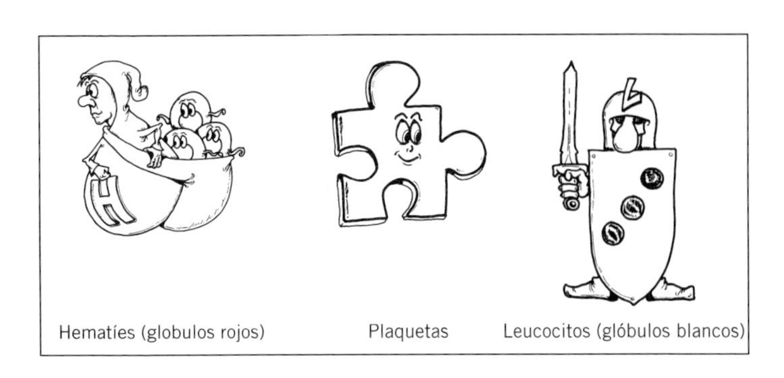

Hematíes (globulos rojos) Plaquetas Leucocitos (glóbulos blancos)

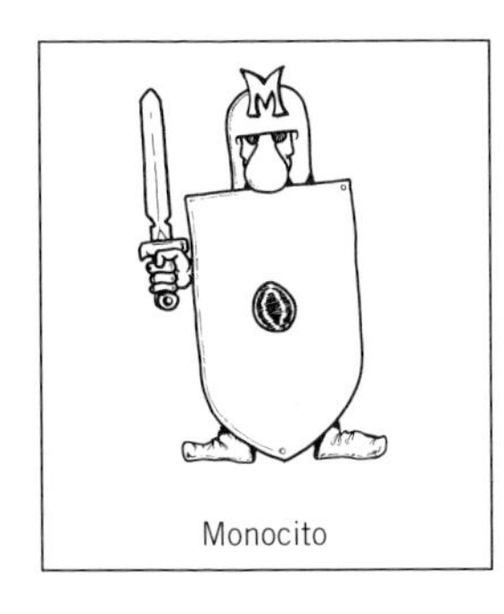

Monocito

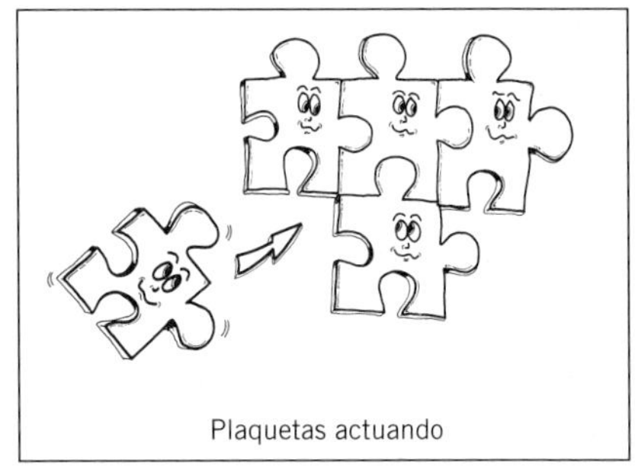

Plaquetas actuando

En la sangre hay también glucosa, proteínas y lipoproteínas: HDL, LDL y VLDL. Ya sabemos qué son y para qué sirven.

La sangre circula por las arterias y transporta a todas las células del organismo las sustancias que necesitan: oxígeno, glucosa, hormonas, aminoácidos. Mientras circula por las arterias, la sangre no coagula porque las plaquetas no tienden a agruparse y formar trombos, y hay un equilibrio entre los factores que favorecen la coagulación de la sangre y los factores que la evitan. Así, todo funciona con normalidad, no hay ningún problema y tendremos una buena circulación, necesaria para una buena salud.

Las arterias

Si yo tuviera que explicar a un niño de seis años qué es una arteria, le diría que es como una manguera. Si la conectamos a un grifo y lo abrimos, llevaremos el agua hasta donde queramos y alcance la manguera. La arteria transporta en su interior sangre que sale del corazón, en lugar de agua procedente del grifo, y la distribuye por todo el cuerpo. Por eso, cuando una persona se corta en cualquier lugar de su cuerpo, sale sangre.

Si el niño tuviera nueve años, le explicaría, además de lo anterior, que la pared de la arteria está formada por varias capas y que cada una de ellas tiene una función. La que está en el interior es muy fina y lisa, para que la sangre se deslice con facilidad. Luego, hay otras capas que hacen que la arteria sea resistente, capaz de aguantar la presión cuando el corazón manda mucha sangre o cuando envía poca. Le explicaría que es como si la manguera tuviera que soportar mucha presión, pues de repente abrimos el grifo a tope y pasa mucha agua y de pronto lo cerramos, y ha de ser un poco rígida para que no se colapse cuando deja de pasar agua.

La arteria más grande está conectada directamente al corazón, que es como la bomba que manda la sangre a todo el organismo. Funciona como si de repente abrimos el grifo del agua a tope y enseguida lo cerramos. Y esto lo hacemos entre 60 y 90 veces por minuto, aproximadamente. La arteria tiene que ser resistente para aguantar la presión a la que se ven sometidas sus paredes cuando el corazón lanza la sangre con fuerza y a gran velocidad, como si de golpe abrimos el grifo. Además, la arteria es capaz de dilatarse un poco para que la presión a que se someten sus paredes sea menor. Ocurre como con la manguera, que no es totalmente rígida. Pero, además de esa elasticidad, la arteria tiene la capacidad de que, cuando el corazón deja de mandar sangre, cuando cerramos el grifo, no se colapsa, es decir, sus paredes no se juntan. Deben tener la capacidad de mantener un tono para no aplastarse.

Si quisiera explicarle a un adolescente de catorce años qué es una arteria y sus propiedades, como a esa edad ya conocen que la célula es la unidad de materia viva, se lo explicaría de la siguiente manera:

En una arteria normal podemos distinguir las siguientes zonas:

- *Endotelio:* es la capa más interna de la arteria, la que se encuentra en contacto con la sangre. Normalmente está formada por una capa de células no muy activas; son células tranquilas que con frecuencia se hallan en reposo. Las que van muriendo son reemplazadas por otras nuevas, pero no mueren muchas células de golpe, sino poco a poco, lentamente. En medicina decimos que no es un tejido de recambio celular rápido.

  El endotelio tapiza la arteria formando una superficie fina y lisa. Además, es una barrera parcial y selectiva que separa la sangre del resto de la pared arterial. Es decir, que sólo deja pasar algunas sustancias, las necesarias para que se alimenten las otras capas de la arteria que están debajo de ella. Tiene también una acción antitrombogénica, que impide que las plaquetas se junten entre sí e inicien la formación de un trombo.
- Debajo del endotelio hay otra capa, llamada *íntima*, formada por una serie de sustancias como fibras de colágeno, elastina y proteoglicanos.

  En condiciones normales, a través del endotelio pasa una pequeña cantidad de lipoproteínas de baja densidad, LDL, que servirán para aportar a las células de las otras capas arteriales el colesterol que necesitan. Si a la capa interna del endotelio, la íntima, llegan más lipoproteínas de baja densidad de las que necesitan las células, estas LDL se modificarán un poco y serán recogidas por unas células que pasan por allí, los macrófagos, que las devolverán de nuevo a la sangre para que no se acumulen en la íntima arterial.

Normalmente no suele haber células, aunque por allí pasan macrófagos para ir recogiendo las LDL que estén alteradas y llevarlas a la sangre para que no se depositen en la zona íntima.

- *Lámina elástica:* separa la zona íntima de la media.
- *Media:* es una zona formada por células musculares lisas. Estas células forman una densa capa. Son células tranquilas que se dividen poco y que producen las proteínas contráctiles necesarias para hacer su función.
- *Adventicia:* capa situada por fuera de la media.

Funcionamiento de las células de la pared arterial

Las arterias son tejidos vivos que cumplen una función muy importante. Las células que forman las arterias necesitan alimentarse y renovarse por otras nuevas, necesitan glucosa, oxígeno y otros nutrientes, entre los que está el colesterol, necesario para sus membranas. Es decir, necesitan lo mismo que cualquier otra célula viva, y todas estas sustancias las van a obtener de la sangre que circula por el interior de las arterias.

Fijémonos ahora solamente en las lipoproteínas. Ya hemos dicho que el endotelio es una barrera parcial y selectiva que permite en condiciones normales el paso de pequeñas cantidades de HDL, LDL, etc., hacia la zona íntima. De hecho, la cantidad de HDL y LDL que hay en la zona íntima es representativa de la concentración de LDL y HDL que hay en la sangre. Si la cantidad de HDL y LDL en sangre es la adecuada, también habrá esas cantidades normales debajo del endotelio, en la zona íntima. Las LDL le aportan el colesterol a las células.

Cuando las cantidades de HDL y LDL son adecuadas se depositan muy pocas en la pared arterial y tardará mucho más tiempo en producirse la arteriosclerosis.

Ya hemos visto que si pasan algunas LDL más de las necesarias al interior del endotelio, unas células que se llaman macrófagos las recogen y se las llevan a la sangre de nuevo para impedir que se depositen en la íntima arterial.

Podemos decir que en la sangre que pasa por las arterias hay unas células, los monocitos, que, como ya se ha explicado, son un tipo de leucocito grande. Algunos de estos monocitos pasan a través del endotelio a la siguiente capa, la íntima, y allí se transforman en unas células llamadas macrófagos, que son unas células grandes, cuya función consiste en ir recogiendo las LDL que hay en exceso en la íntima y llevarlas de nuevo a la sangre, para que no se acumulen en la pared arterial.

Vemos cómo la sangre y las arterias por donde circula disponen de mecanismos que se complementan para su normal funcionamiento. Las arterias distribuyen la sangre a todos los lugares, y la sangre aporta a las arterias las sustancias nutritivas que necesitan y además, si hay un ligero exceso de LDL, la sangre aporta unos leucocitos llamados monocitos a la capa íntima arterial, donde se transformarán en macrófagos que recogerán esas LDL que hay en exceso y las devolverán de nuevo a la sangre.

Veamos ahora cómo hay zonas de la arteria que se adaptan para aguantar mejor la presión a la que se ven sometidas.

Cuando los ventrículos del corazón se contraen y lanzan la sangre a las arterias, éstas se dilatan un poco para amortiguar la presión a la que son sometidas. Cuando el corazón se relaja y deja de mandar sangre, las arterias no se colapsan, sino que mantienen la luz lo más abierta posible para que siga circulando la sangre; por eso la pared necesita mantener un tono. Que puedan amortiguar y controlar todas esas ondas de presión y después mantenerse abiertas sin colapsarse va a depender de que todas las capas de la arterias se encuentren en perfecto estado.

Las arterias no son siempre vasos rectos, sino que cada cierta distancia, por necesidades del organismo, tienen curvaturas, bifurcaciones y ramificaciones. Cuando la sangre llega a esas zonas ejerce una fuerza mecánica mayor y se producen turbulencias. Estos esfuerzos obligan a que en esas zonas se produzca una adaptación de la capa íntima arterial, como un reforzamiento para soportar bien esas fuerzas mecánicas. Estas zonas son importantes porque en ellas se localiza con mayor frecuencia la arteriosclerosis.

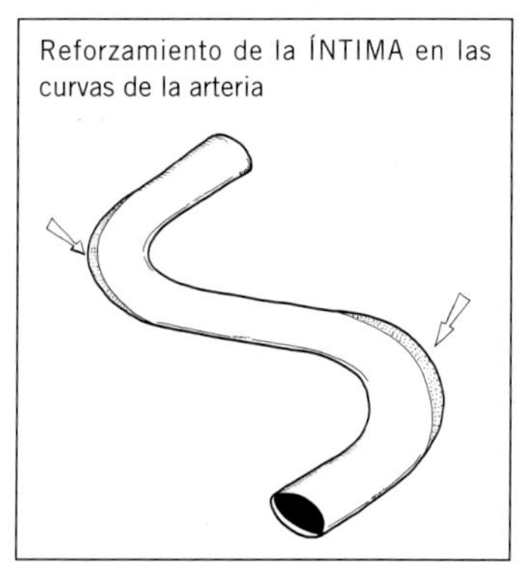
Reforzamiento de la ÍNTIMA en las curvas de la arteria

Ya sabemos algo más sobre la sangre y las arterias. Explicaré ahora en qué consiste la arteriosclerosis.

La arteriosclerosis

Si yo le tuviera que explicar a un niño de seis años en qué consiste la arteriosclerosis, le diría que se imagine el agua que pasa por el interior de una manguera. Con el tiempo, parte de las sustancias que esa agua transporta se van pegando a las paredes de la manguera, que se engrosarán, y se reducirá, por tanto, la capacidad de circulación del agua. La manguera se podrá llegar a obstruir o taponar totalmente en un período de tiempo que será más corto cuanto más sucia esté el agua.

De igual manera, con el transcurso de los años, la sangre que circula por las arterias va depositando en sus paredes sustancias que las engruesan y, como consecuencia de ello, reducen el espacio por el que pasa la sangre hasta que finalmente lo taponan. Una vez que la arteria se ha cerrado por completo, la zona que hay después de la obstrucción se queda sin sangre.

Si tuviera que explicar la arteriosclerosis a un niño de diez años, le diría que el exceso de grasa que hay en la sangre se va depositando en la pared de la arteria, lo que provoca un engrosamiento de la pared arterial y una disminución de la luz por donde pasa la sangre. Este depósito de grasa se ve favorecido además por otros factores, como son tener la tensión arterial elevada, fumar, ser obeso, etc.

A un adolescente —o a ti, que has demostrado interés al comprarte este libro— le explicaría —te explicaré— la arteriosclerosis de la siguiente manera:

Ya hemos comentado que la sangre y las arterias por las que ésta circula guardan un equilibrio. Las arterias proporcionan a la sangre un conducto liso y permeable por el que circular con normalidad, y la sangre aporta a las arterias los nutrientes que precisan sus distintas capas. Sabemos asimismo que en la sangre hay unas células, los monocitos, que se encargan de ir hasta la capa íntima de la arteria y recoger el exceso de lipoproteínas de baja densidad, LDL, que pueda haber para devolverlas al torrente sanguíneo.

Pero *¿qué ocurriría si se rompiera este equilibrio* existente entre las arterias y la sangre, si se alterara el endotelio, es decir, la capa interior de la arteria, la que está en contacto directo con la sangre?

Macrófago cogiendo LDL

Pues que pasarían más lipoproteínas de baja densidad, LDL, a la capa íntima de la arteria, y ello provocaría las siguientes consecuencias. En primer lugar, acudirían mayor número de macrófagos a coger LDL. (Imagina ahora que estás viendo una película de vídeo y en un momento determinado congelamos la imagen para describir las distintas lesiones de la arteriosclerosis.)

Los macrófagos ya no podrían recoger todas las LDL que sobran en la capa íntima de la arteria y transportarlas de nuevo a la sangre; por tanto, permanecerían ahí. A estos macrófagos cargados de grasa que se han quedado en la íntima se les llama células espumosas. Esta lesión inicial se denomina «lesión tipo I».

Los macrófagos cargados de grasas se convierten en células espumosas

Las LDL que se acumulan en la capa íntima de la arteria sufrirían modificaciones al unirse con otras sustancias que se encuentran en ese mismo lugar, los proteoglicanos.

Los macrófagos que fueran llegando a la capa íntima arterial se irían cargando de grasa, sobre todo de lipoproteínas de baja densidad modificadas. Al cargarse en exceso, los macrófagos forman en su interior vacuolas de grasas y se convierten en células espumosas.

Estas células espumosas pueden seguir cargándose de colesterol, pero llega un momento en que los macrófagos acumulan tanta grasa que el colesterol cristaliza y rompe las membranas, lo que ocasiona la muerte de las células. En la zona de la lesión se liberan cristales de colesterol.

Además, estos macrófagos comienzan a producir unas sustancias llamadas factores de crecimiento, que hacen que las células musculares lisas de la capa media de la arteria emigren a la capa íntima y se dividan muy rápidamente, y eso produce nuevas sustancias que siguen favoreciendo la proliferación celular. Estas células musculares lisas, tan tranquilas cuando forman parte de la zona media, al llegar a la capa íntima se dividen rápidamente, se cargan de lípidos y se transforman a su vez en células espumosas; otras comienzan a producir los principales componentes de la íntima, cuya acumulación es característica de la arteriosclerosis. Sería una «lesión de tipo II».

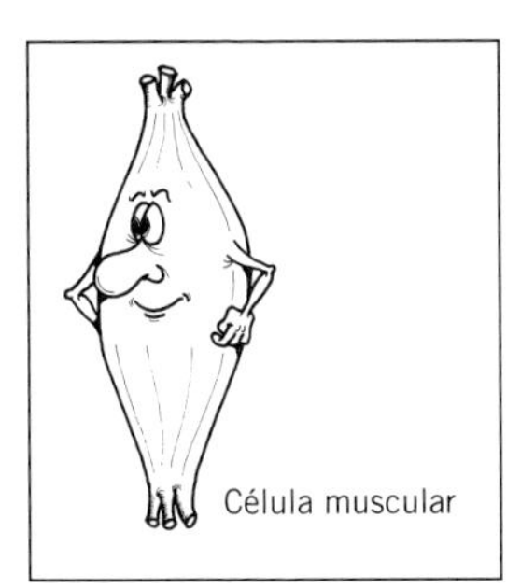
Célula muscular

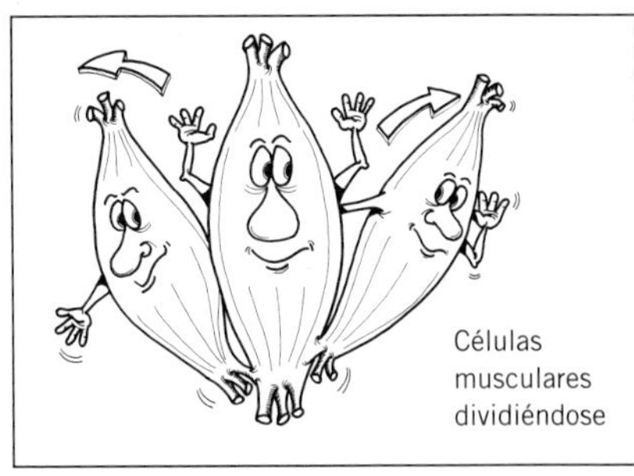
Células musculares dividiéndose

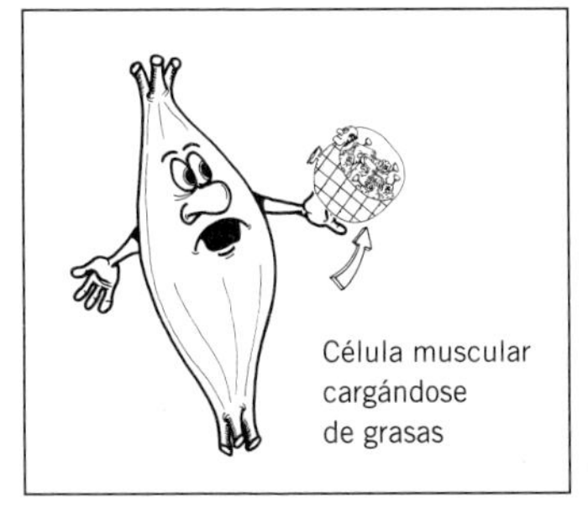
Célula muscular cargándose de grasas

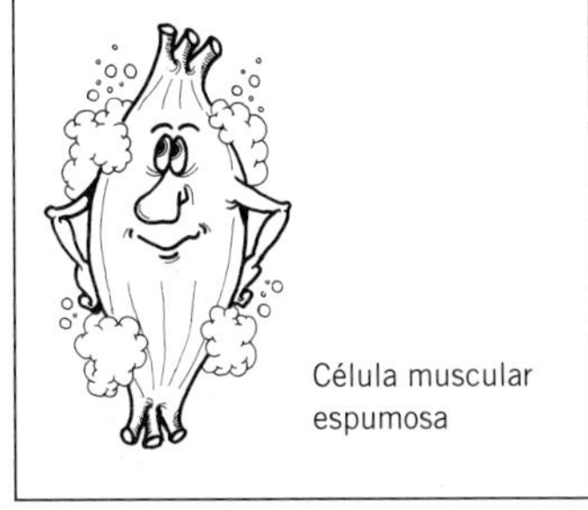
Célula muscular espumosa

Las células espumosas que siguen recogiendo lípidos requieren energía y oxígeno para continuar vivas. Este oxígeno tiene que llegarles desde la sangre que circula por las arterias, pero el suministro se ve dificultado por la distancia a que queda el torrente sanguíneo y por la gran proliferación celular, por lo que no es difícil que muchas de estas células no reciban aporte suficiente; entonces mueren y dejan libres los cristales de colesterol que contienen. Esta situación correspondería a una «lesión de tipo III».

La célula muscular se rompe y pierde colesterol

Al morir muchas células espumosas, se forma un gran acúmulo graso que ocupa la íntima, rodeado de células musculares y macrófagos. Esta fase se conoce como «lesión de tipo IV» o ateroma.

Los daños en el endotelio originan a su vez diversos trastornos:

1) Se produce la pérdida de la propiedad antitrombótica y, en consecuencia, las plaquetas se unen formando microtrombos.

2) La entrada en contacto de la sangre con la zona donde no hay endotelio provoca una acumulación de plaquetas y leucocitos en el lugar de la lesión y da lugar a que se produzcan factores de proliferación celular. Al multiplicarse las células, producen otras sustancias llamadas factores quimiotácticos, que a su vez atraen nuevas células a esa zona.

Las plaquetas juegan un papel muy importante en el inicio del proceso arteriosclerótico, como demuestra el siguiente experimento: una sustancia, la homocisteína, puede provocar daños en la zona endotelial y desencadenar el proceso de arteriosclerosis, pero si se administra un fármaco que inhiba la adhesión de las plaquetas, se evitará la estimulación para producir factores de proliferación molecular, no se producirá la proliferación de células musculares lisas y el proceso arteriosclerótico se desarrollará más lentamente.

De continuar el daño endotelial, el proceso se perpetúa, aumentando cada vez más la lesión arteriosclerótica.

Hemos visto cómo se puede ir formando la arteriosclerosis cuando se inicia por una lesión en el endotelio. Lo hemos visto funcionalmente, es decir, nos hemos imaginado el funcionamiento de la arteria con la sangre circulando por su interior.

Analicemos ahora las distintas lesiones que se producen en la arteria, pero no imaginando su funcionamiento, sino cortando una y examinándola primero a simple vista y luego con la ayuda del microscopio.

Clasificación histiológica de las lesiones arterioscleróticas

Lesión de tipo I

Las lesiones de tipo I están formadas por depósitos de lípidos —grasas— en la zona íntima de la arteria, pero en muy pequeña cantidad, tan pequeña que sólo puede apreciarse usando el microscopio. Estas lesiones mínimas pueden apreciarse en adultos que tengan muy poca arteriosclerosis y también en niños y lactantes.

La alteración que se puede observar al mirar a través del microscopio consiste en grupos aislados de macrófagos con gotitas de lípidos (células espumosas). El 45% de los niños tienen células espumosas en sus arterias coronarias con sólo ocho meses de vida. Estas alteraciones no aumentan el espesor de la pared arterial.

LESIÓN TIPO I

Algunas células espumosas en la ÍNTIMA

Si a un animal, por ejemplo un conejo, se le administra una dieta con exceso de colesterol —hipercolesterolémica—, la primera lesión que aparece en las arterias es también la presencia de células espumosas en la íntima.

Lesión de tipo II

Son las llamadas estrías grasas. Son visibles en la parte interna de las arterias y tienen forma de estrías o parches planos de color amarillento.

Macroscópicamente, es decir, a simple vista, se aprecia que aumentan el espesor de la zona íntima en menos de un milímetro y que no obstruyen el paso de la sangre por la arteria.

Utilizando el microscopio, la alteración que vemos consiste en agrupaciones de células espumosas en capas. Las células del músculo liso de la íntima también tienen, al igual que los macrófagos, gotas de grasa. Fuera de las células, es decir, en el espacio extracelular, puede haber pequeñas gotas de grasa, que suelen ser más pequeñas que las que se encuentran dentro de las células.

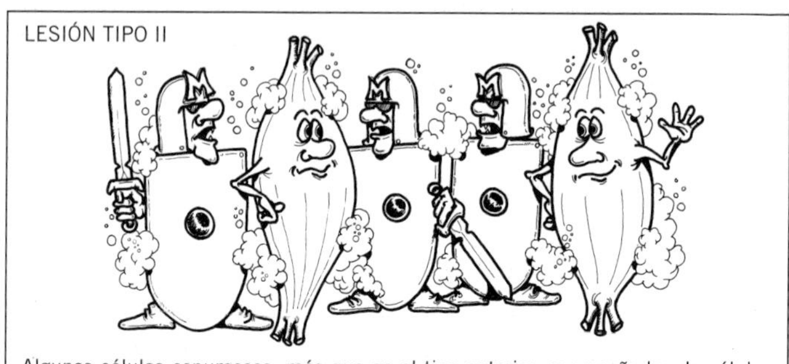
LESIÓN TIPO II

Algunas células espumosas, más que en el tipo anterior, acompañadas de células musculares espumosas

Los niños presentan, en general, las de tipo II como únicas lesiones visibles.

Pero dentro de este tipo de lesiones podemos distinguir dos grupos:

- *II:* es el más numeroso; son las lesiones del tipo II que no progresan, que no van a más. Estas lesiones del tipo II se encuentran localizadas en segmentos, en trozos de arteria, donde la zona íntima es delgada.
- *IIa:* a este segundo grupo se le denomina también lesiones con tendencia a la progresión, ya que con frecuencia evolucionan a lesiones del tipo III. Estas lesiones de tipo IIa se localizan en las zonas de endurecimiento adaptativo.

Las bifurcaciones y ramificaciones de las arterias son lugares donde suele producirse el mayor endurecimiento adaptativo de la íntima para soportar las fuerzas mecánicas de la sangre en esos puntos. Estas fuerzas mecánicas aumentan la entrada de LDL a la capa íntima de las arterias en esas zonas.

Una tensión arterial superior a la normal y unos niveles de LDL elevados favorecen la acumulación de LDL en la zona íntima arterial, especialmente en bifurcaciones y ramificaciones, donde se desarrollan las lesiones del tipo IIa.

Si una persona tiene las LDL muy altas, las lesiones del tipo IIa se localizarán también en otras zonas de las arterias y no sólo en las citadas anteriormente.

Vemos, pues, cómo en las arterias hay zonas con tendencia a la progresión de las lesiones, tales como las bifurcaciones y las ramificaciones, y otras donde la lesión no progresa, salvo que la sangre contenga cifras muy elevadas de LDL.

Lesión de tipo III

Esta lesión, llamada también preateroma, endurece la íntima un poco más que la de tipo II y no obstruye el flujo de sangre.

Mirando por el microscopio se aprecia cómo fuera de las células se acumulan gotitas de grasa, extracelulares, formando muchos pequeños depósitos de grasa, separados entre sí, sin que se llegue a formar una extensa acumulación de grasa o núcleo lipídico.

LESIÓN TIPO III

Normalmente estas lesiones se localizan en las zonas donde la íntima se endurece de forma adaptativa, es decir, en las bifurcaciones y las ramificaciones arteriales.

Este depósito de grasa se sitúa por debajo de las capas de las células espumosas y va sustituyendo a los componentes normales de la capa íntima, es decir, las fibras y las proteoglicanos, rechazando además las células del músculo liso.

Cuando en una zona hay lesiones de tipo III, muy probablemente en el futuro se desarrollará una enfermedad clínica.

Lesión de tipo IV

Si en esos pequeños depósitos de grasa separados entre sí se siguen acumulando lípidos, se formará una gran acumulación de grasa extracelular que ocupará la íntima.

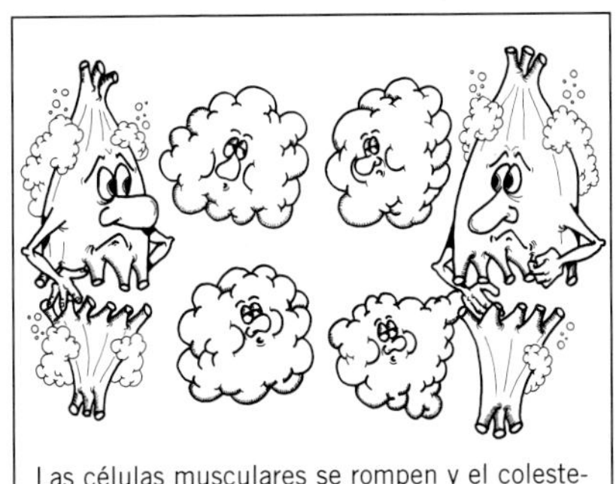

Las células musculares se rompen y el colesterol queda libre, pero disperso

Luego el colesterol se va agrupando

Todo este gran depósito de grasa fuera de las células se conoce como núcleo lipídico (de *lipidos* = grasa).

A la lesión de tipo IV también se le llama ateroma, y es una lesión arterial avanzada, puesto que se ha roto y desorganizado la estructura de la pared arterial normal.

LESIÓN TIPO IV

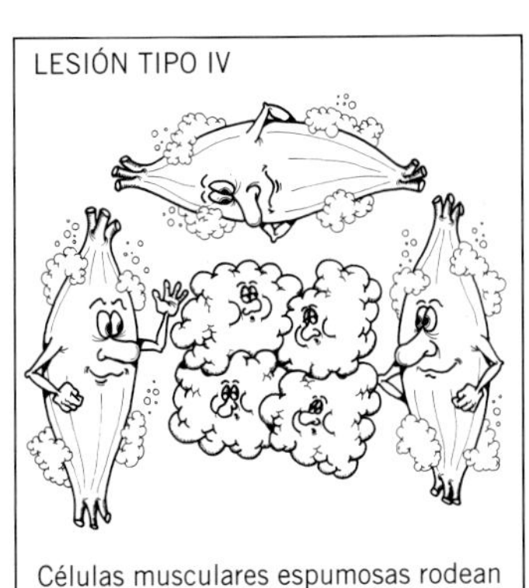

Células musculares espumosas rodean el grupo de colesterol

Esta lesión no reduce mucho la luz arterial, excepto en personas con colesterol muy alto. En muchas personas, las lesiones de tipo IV pueden no ser visibles con la arteriografía, una técnica que consiste en inyectar un contraste en la arteria para divisar su interior mediante rayos X. Esta lesión es, en general, asintomática, pero resulta interesante diagnosticarla mediante técnicas de ecografía, resonancia nuclear magnética, etc., ya que puede desarrollar rápidamente fisuras, hematomas y trombos que producen síntomas.

En este núcleo lipídico se observan restos de células espumosas muertas por sobrecarga de grasa. Entre el núcleo lipídico y la luz vascular hay macrófagos y células del músculo liso con y sin gotas de grasa.

La placa arteriosclerótica está compuesta por un núcleo de grasa —núcleo lipídico—, con tendencia a que se formen trombos. Este núcleo, rico en lípidos, está recubierto por una capa fibrosa formada por células musculares lisas y células inflamatorias, sobre todo macrófagos. Estas células musculares lisas son muy importantes porque forman la cubierta fibrosa que aísla el núcleo lipídico trombogénico de la sangre que circula por la arteria.

Si se rompe esta capa, las plaquetas se adhieren y forman trombos.

Podríamos decir que sobre la placa arteriosclerótica influyen diversos factores. Unos, como las células del músculo liso vascular, los fármacos que disminuyen los lípidos o los antioxidantes, tienden a estabilizarla, y otros, entre los que cabe citar el aumento de las LDL, los procesos infecciosos e incluso cierta predisposición genética de algunas personas, tienden a hacerla más inestable y, por tanto, facilitan que la placa se rompa.

El peligro de una lesión de tipo IV —ateroma—, que en general, como hemos indicado, no reduce la luz arterial y en muchas ocasiones resulta invisible a la arteriografía, reside en que la placa se puede romper, con lo que el ateroma pasaría directamente a lesión de tipo VI y evolucionaría como hemos visto anteriormente. Por tanto, más que el tamaño de la placa, lo importante es que sea estable, pues esa composición y estabilidad determinan su evolución. Es decir, una placa más grande pero estable es menos peligrosa para una persona que una placa pe-

Placa de ateroma estable

Placa de ateroma inestable

queña pero inestable. Muchos pacientes tienen angina inestable o infarto de miocardio por erosión o rotura de placas angiográficamente insignificantes.

Esto explicaría también por qué muchos pacientes sufren un infarto sin haber presentado síntomas previos de insuficiencia coronaria, como dolor en el pecho al realizar esfuerzos.

Hay fármacos, las estatinas por ejemplo, que han contribuido a disminuir el número de accidentes coronarios sin reducir casi nada el tamaño de la placa, por lo que se supone que estos fármacos, además de rebajar las LDL, también estabilizan la placa. Así, algunas estatinas no interfieren la activación de las células musculares lisas vasculares y pueden también inhibir la agregación plaquetaria.

Lesión de tipo V

La lesión de tipo V es como la IV con una o varias capas de fibras de colágeno añadidas al núcleo lipídico. Esta alteración se llama fibroateroma.

Fibras de colágeno

Estas lesiones pueden romperse y formar trombos murales (en la pared). El colágeno de las

LESIÓN TIPO V

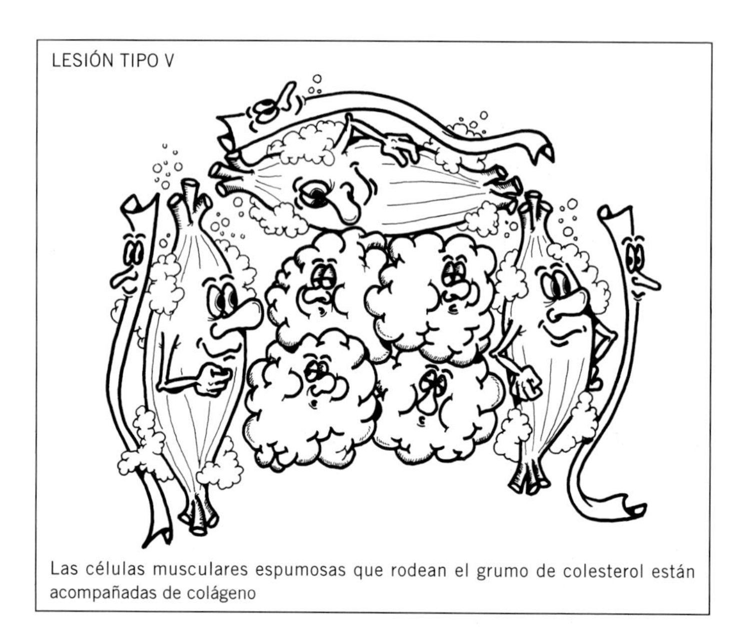

Las células musculares espumosas que rodean el grumo de colesterol están acompañadas de colágeno

lesiones de tipo V se forma entre la luz arterial y el núcleo lipídico.

Lesiones de tipo VI o lesiones complicadas

Son lesiones que presentan roturas en su superficie, ya sea por fisuras, erosiones, ulceraciones, hematomas, hemorragias o depósitos trombóticos.

LESIÓN TIPO VI

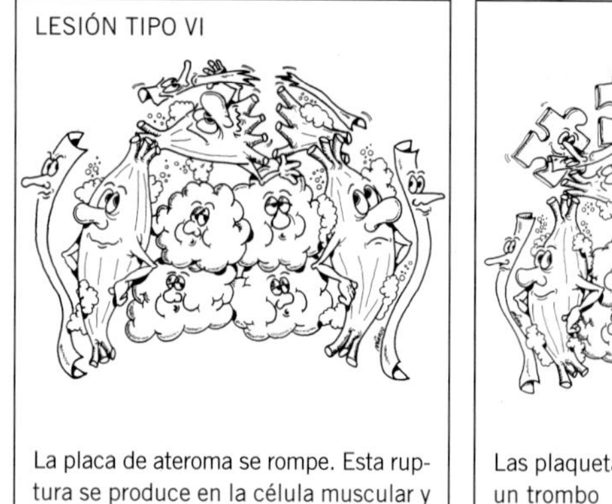

La placa de ateroma se rompe. Esta ruptura se produce en la célula muscular y en la fibra de colágeno

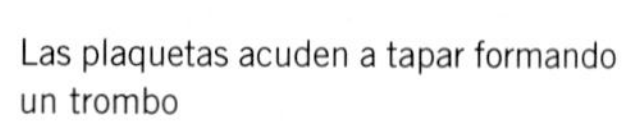

Las plaquetas acuden a tapar formando un trombo

Estas lesiones son las que producen la morbilidad, es decir, los síntomas clínicos, angina e infarto y la mortalidad de la arteriosclerosis coronaria.

La rotura de la placa puede dar lugar a los siguientes cuadros:

a) Hemorragia dentro de la placa: el paciente no nota ningún síntoma, y con el tiempo en la zona de hemorragia aparece un tejido conectivo duro que forma una fibrosis.

b) Se forma un pequeño trombo que tapona la rotura de la placa: se le llama trombo mural porque está pegado al muro, a la pared arterial. El paciente no nota ningún síntoma, y con el tiempo el trombo es sustituido por tejido conectivo.

Trombo pequeño asintomático. Pequeña fila de plaquetas que taponan y no pasa nada

c) Se forma un trombo más grande que puede dar lugar a una angina de pecho inestable, un infarto o incluso una muerte súbita.

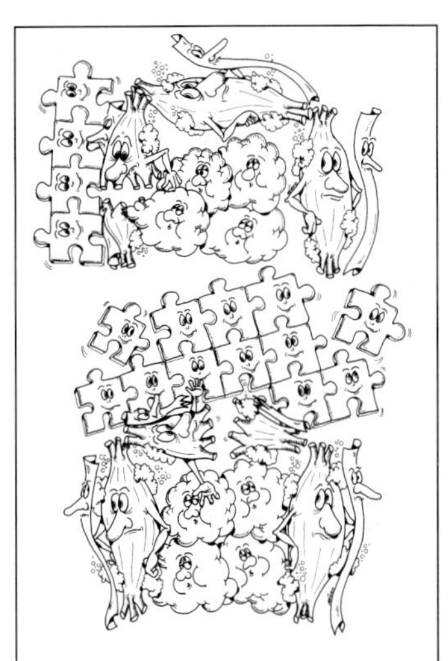

Trombo grande: angina, infarto... Ruptura más grave formándose un trombo más grande que puede obstruir la luz del vaso

Lesión de tipo VII o lesión calcificada

La lesión de la íntima consta de colágeno y calcio.

Lesión de tipo VIII

La lesión de la íntima consta casi únicamente de colágeno. Se trata de lesiones fibróticas.

Pondré un ejemplo para que entiendas mejor cómo se produce la arteriosclerosis.

Imaginémonos un canal ancho con varias filas de casas a ambos lados: el Gran Canal de Venecia.

Las casas que forman la primera fila son elegantes, hermosas, y entre ellas existen pequeños canales por los que circulan barquitos que llevan los alimentos a las casas de las filas posteriores. Tras esa primera fila de casas existe una zona íntima, con aguas más densas, adonde llegan los barcos para llevar la comida a las casas de esa segunda fila. Separando la zona íntima de las casas de la segunda línea hay una barrera llamada media —es la mediana, la que separa una de otra—, y detrás de la barrera media se encuentran varias filas de casas prefabricadas, y tras esta fila de casas hay otra barrera.

Esta ciudad tiene fábricas que producen alimentos. Otros vienen de fuera transportados en pequeños barcos que navegan por el Gran Canal, pasan entre las casas de la primera fila y llegan a la zona íntima de esas casas para descargar el alimento en las casas de detrás.

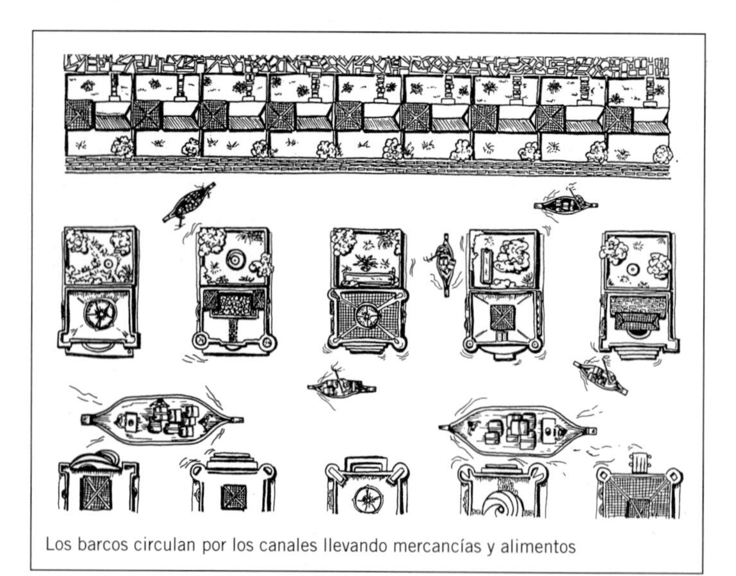

Los barcos circulan por los canales llevando mercancías y alimentos

Algunos de estos pequeños barcos quedan averiados en la zona íntima. Para evitar que se acumulen, el Ayuntamiento manda unos barcos más grandes que van recogiendo los que han quedado encallados en la zona íntima y dejándola limpia para que no se produzcan obstrucciones y todo funcione bien.

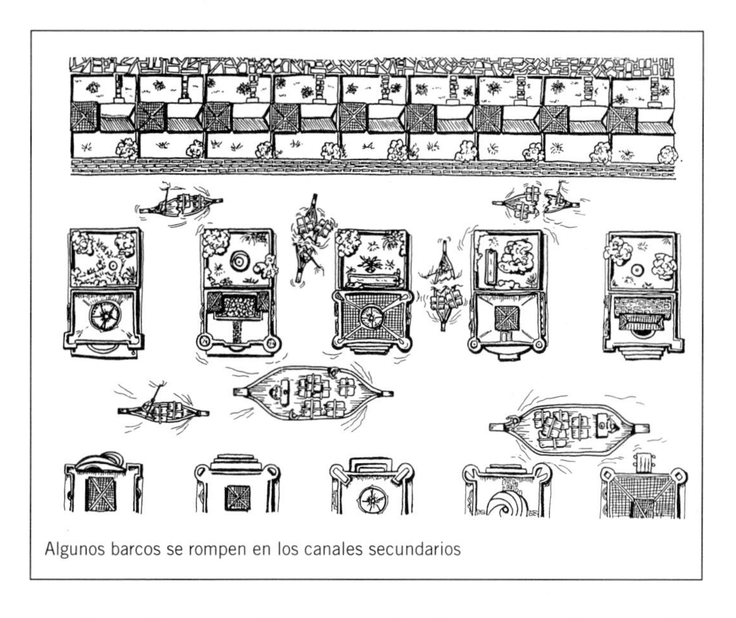

Algunos barcos se rompen en los canales secundarios

Los alimentos llegan a todas las casas y los canales se mantienen con un grado de limpieza aceptable.

Si las fábricas comienzan a producir alimentos en exceso, o si llegan demasiados alimentos de fuera, el número de barcos que circule por el canal para distribuirlos aumentará. El incremento de embarcaciones circulando por la zona íntima de las casas de la primera fila ocasionará que muchas embarranquen. Al tener que acudir más barcos remolcadores para rescatar a los que han naufragado para llevarlos al Gran Canal, alguno, por exceso de carga, también naufragará. En principio no pasa nada, pero si cada vez llegan más barcos con alimentos, se producen más naufragios, acuden más barcos transportadores y muchos de éstos, cargados de barcos pequeños, encallan también, con el tiempo alguno de ellos se romperá y dejará libres a los barquitos cargados de alimentos.

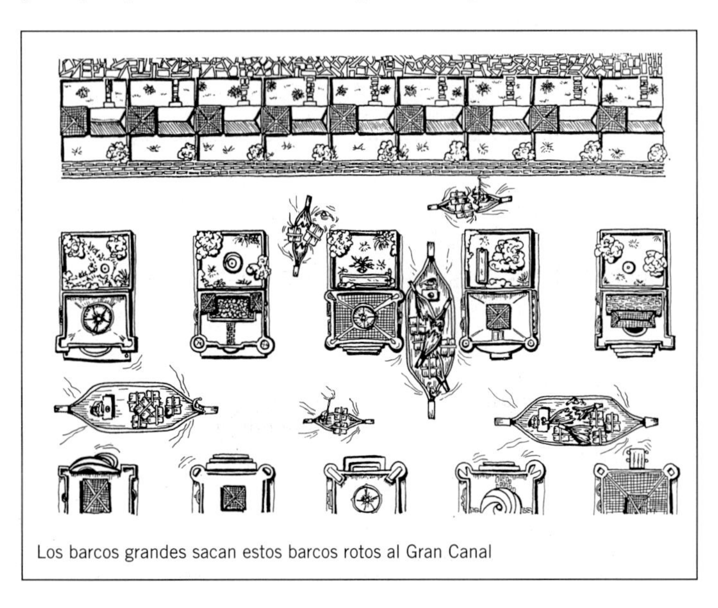

Los barcos grandes sacan estos barcos rotos al Gran Canal

El Gran Canal es muy largo, y esto va sucediendo en distintas zonas.

Si el Ayuntamiento no toma la decisión de disminuir la producción de alimentos y reducir la cantidad que llega de fuera, cada vez habrá más barquitos en su zona íntima y más barcos transportadores encallados que, con el tiempo, se romperán dejando su cargamento en la zona íntima.

Si el Ayuntamiento persiste en no actuar porque considera que las competencias corresponden a la Comunidad, y ésta no toma decisiones porque estima que incumben al Estado, el problema crecerá y los más perjudicados serán los habitantes de las casas de la fila de detrás, las casas prefabricadas, ya que con tanto barco encallado no recibirán comida y entonces tendrán que saltar la barrera media y trasladarse a las zonas donde hay muchos barcos encallados y rodearlos para conseguir los alimentos. Además, como son buena gente, harán nuevas casas rodeando todos esos barcos rotos para que no regresen al Gran Canal.

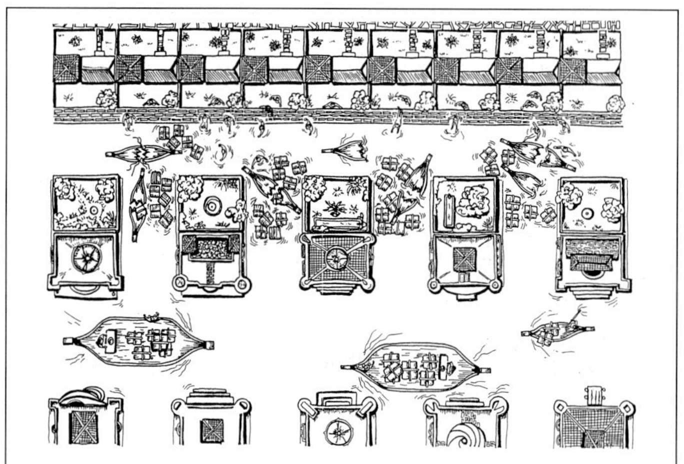

La gente de las casas, que no recibe alimentos por estas aglomeraciones, salta el muro para coger los víveres de los barcos rotos

Llegados a esta situación sin que se tomen medidas, que es lo habitual, la gente que ha trasladado sus casas

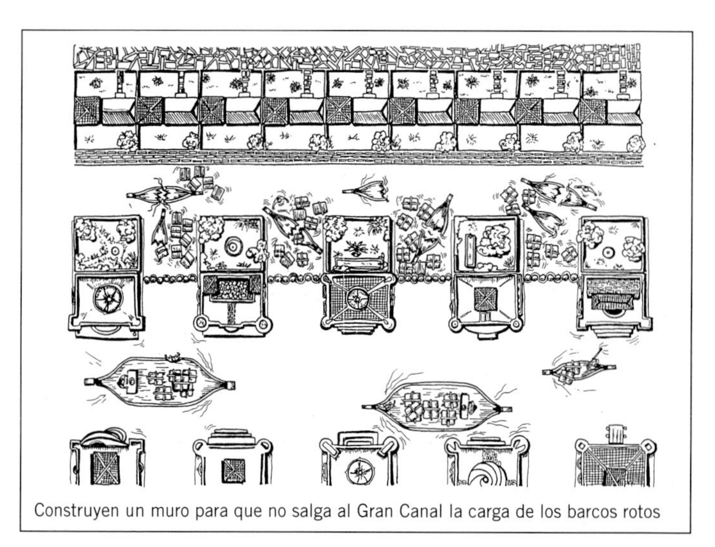

Construyen un muro para que no salga al Gran Canal la carga de los barcos rotos

prefabricadas y ha rodeado la zona de barcos rotos y encallados, construye además un muro a su alrededor para impedir que se escapen los alimentos.

Pero, en ocasiones, cuando se está formando ese muro alrededor de las casas prefabricadas, la corriente de agua de los canales o cualquier otra causa rompe la barrera de casas prefabricadas. Unas veces da tiempo a reparar la rotura y otras no, con lo que trozos de ese conglomerado de barcos encallados y casas van a parar al Gran Canal, con riesgo de obstruirlo. Fin de la historia.

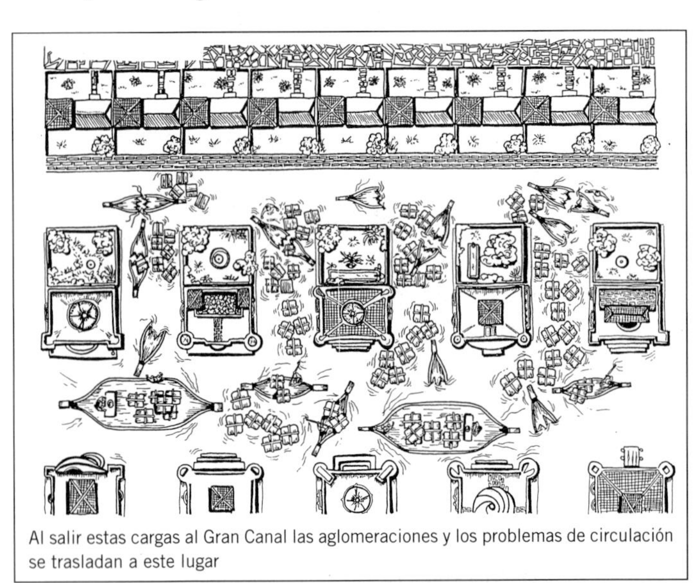

Al salir estas cargas al Gran Canal las aglomeraciones y los problemas de circulación se trasladan a este lugar

Examinemos ahora la correlación entre esta historia del Gran Canal y la circulación sanguínea:

- Gran Canal = arteria gorda.
- Barco pequeño que transporta alimentos = LDL.
- Barco remolcador = monocito, que cuando se carga de barcos pequeños, de LDL, se llama célula espumosa.
- Primeras filas de casas = el endotelio.
- Zona íntima de las casas = zona íntima arterial.

- Barrera que separa la zona íntima de las casas de primera fila de las prefabricadas = capa media que separa la íntima arterial de la capa muscular.
- Filas de casas prefabricadas = filas de células musculares.
- Barrera detrás de las casas prefabricadas = adventicia arterial.

Precauciones que hay que tener en cuenta para evitar el caos en el Gran Canal de Venecia:

a) Que no haya muchos barcos pequeños.
b) Que no llegue una excesiva cantidad de alimentos de fuera.
c) Que las fábricas no produzcan en exceso y, si lo hacen, que reduzcan su capacidad.
d) Que los barcos pequeños estén en muy buenas condiciones. Que no se oxiden, pues oxidados encallan con más facilidad.
e) Evitar corrientes fuertes que meten más barcos pequeños en la zona íntima.

Cómo prevenir la arteriosclerosis

1. No tomar grasas en exceso, sobre todo de las que aumentan las LDL.
2. Si el organismo produce muchas LDL, disminuir la producción.
3. Tomar una alimentación rica en frutas y verduras, productos que contienen antioxidantes.
4. Si hay hipertensión, tratarla, para que las corrientes no sean muy fuertes.
5. No fumar.
6. Hacer ejercicio físico, porque baja los niveles de LDL y la tensión arterial.

Recuerda

La arteriosclerosis es un proceso que se inicia en la infancia y va progresando poco a poco, sin mostrar ningún síntoma. Cuando se diagnostica una lesión es ya de tipo IV, llamada ateroma, es decir, hay una placa en la pared de la arteria. Esta placa, formada por un núcleo de grasa recubierto por células, que en principio no dificulta el paso de la sangre porque no es muy gruesa, e incluso quizá no se aprecie en la angiografía, puede romperse de golpe y dar lugar a una angina, a un infarto e incluso a la muerte súbita. Mi amigo el doctor García Pérez dice que se vive con la arteriosclerosis y se muere de trombosis.

Hay dos circunstancias que no debemos olvidar:

- Como la arteriosclerosis se inicia en la infancia, todos los factores que veremos a continuación han de ser evitados cuanto antes mejor, para que no progrese esa patología.
- Es importante disponer de pruebas no agresivas para el paciente, como la ecografía o la resonancia nuclear magnética, que permiten diagnosticar a personas que tienen estas placas y lo ignoran y ponerles un tratamiento destinado a estabilizar la placa, para que no se rompa, y, por tanto, evitar una angina de pecho o un infarto.

Una persona puede vivir sin ninguna molestia, encontrarse bien y de repente tener un infarto. Lo que le ha pasado a esa persona es que tenía una placa de ateroma, se le ha roto y le ha provocado un infarto.

Las placas de ateroma con más riesgo de rotura son aquellas que:

- Tienen más grande la porción central de grasa, el núcleo lipídico.
- Tienen más macrófagos en la cubierta fibrosa del núcleo de grasa, porque producen sustancias tóxicas que adelgazan la cubierta.
- Tienen LDL oxidadas, porque adelgazan la cubierta fibrosa.

¿Cómo podemos prevenir la rotura de la placa? Estabilizándola, y esto se consigue disminuyendo el colesterol LDL, no sólo el que circula en la sangre, sino, sobre todo, el que está dentro de la placa de ateroma.

Factores que alteran el endotelio

Hemos visto que la arteriosclerosis se inicia por una alteración en el endotelio, la capa de la arteria que está en contacto con la sangre. Los principales factores que provocan esa alteración son el colesterol elevado, la tensión arterial alta, el tabaco y la obesidad. ¿Por qué daña al endotelio el colesterol alto?

El colesterol

Sabemos que el colesterol forma parte de las membranas celulares y que las membranas se comportan como barreras semipermeables. Si aumenta la cantidad de colesterol que circula con la sangre, aumenta también la cantidad de colesterol que se incorpora a las membranas alterándolas y dificultando que cumplan bien su función, hasta tal punto que las células pueden morir debido a la entrada o salida de sustancias para las que no están preparadas. Las células endoteliales pueden morir por este motivo, y una vez muertas se produce la descamación —son eliminadas—, quedando el espacio que hay debajo del endotelio —espacio subendotelial— en contacto directo con la sangre.

Esta puesta en contacto de la sangre con el espacio subendotelial producirá que las plaquetas y los monocitos se adhieran a él, y ello estimula la fase proliferativa de la lesión.

Este hecho puede compararse con lo que ocurre cuando nos hacemos una mínima herida en la piel: se produce una agregación de plaquetas y monocitos que estimulan la proliferación de las células para eliminar esa pequeña herida.

Si sometemos un grupo de conejos a una dieta rica en colesterol, al cabo de unos días observaremos que presentan alteraciones en las células endoteliales, sobre todo en la zona donde se producen mayores turbulencias del flujo sanguíneo. Las células endoteliales se hinchan y se hacen más permeables a las sustancias que hay en la sangre.

Si proporcionamos una dieta muy rica en colesterol a un grupo de monos, al poco tiempo se formarán las células espumosas, es decir, células cargadas a tope de grasa. Estas células espumosas forman las llamadas estrías grasas, que constituyen la primera fase del desarrollo de la arteriosclerosis. Esta situación puede remitir y desaparecer si se administra una dieta con poco colesterol. Si mantenemos en ese grupo de primates la dieta rica en colesterol, llegaría a perderse parte de la cubierta endotelial y se desarrollaría todo el proceso que hemos visto anteriormente: las células endoteliales que rodean el lugar de la descamación entrarán en división para intentar cubrir la zona descamada, y además estas células en división producirán factores de crecimiento que estimularán la proliferación de otras células.

La hipertensión arterial, el tabaco, la obesidad y la diabetes descompensada son otros factores que alteran el endotelio y, por tanto, favorecen la arteriosclerosis. Los estudiaremos en el capítulo siguiente, pues éste se está alargando ya demasiado.

Capítulo 8

Otros factores de riesgo que favorecen la arteriosclerosis

La hipertensión arterial (HTA)

Imaginemos una manguera de goma conectada a un grifo. Abrimos el grifo de golpe: saldrá mucha agua, que dilatará un poco la manguera y ejercerá presión sobre sus paredes.

Imaginemos ahora el corazón, que tiene conectado a una parte de él, al ventrículo izquierdo, una arteria (como una manguera). El corazón se contrae y manda con fuerza la sangre a través de la arteria, y esa arteria se dilata un poco mientras que sus paredes son sometidas a presión. Esta presión a la que se someten las arterias cuando el corazón se contrae se llama tensión arterial sistólica, porque la contracción del corazón se llama sístole. Mucha gente la llama *tensión arterial máxima,* y, coloquial y cariñosamente, muchos pacientes, cuando les tomas la tensión, te preguntan: «¿Cómo tengo la máxima?», o «¿Cómo tengo la alta?». Esta situación sería la equivalente a cuando abrimos el grifo de golpe: sale el agua bruscamente a través de la manguera.

Pero cerramos el grifo también de golpe: dejará de salir agua y disminuirá un poco el calibre de la manguera de goma (y si lo que pretendíamos era regar, es evidente que ahora no podremos hacerlo).

Pensemos ahora en el corazón. Se ha contraído, ha enviado la sangre a través de las arterias y después se relaja. A este estado de relajación se le llama diástole. Al no enviar sangre el corazón, disminuye la tensión a la que son sometidas las arterias, pero éstas deben mantener una presión suficiente para que no se colapsen y, además, para mantener el riego sanguíneo a todas las partes del cuerpo.

A esta tensión a la que están sometidas las arterias cuando el corazón está relajado, en diástole, se le denomina tensión arterial diastólica, y la gente cariñosa y coloquialmente la llama por lo general tensión arterial mínima o tensión arterial baja.

Sístole y diástole, alta y baja

Si abrimos el grifo entre 60 y 90 veces por minuto, someteremos a la manguera a la presión máxima esas 60-90 veces al minuto. Pues bien, el corazón normalmente se contrae 60-90 veces por minuto y se relaja otras tantas. Podemos, pues, hacernos una idea de las veces que se somete a presión máxima y después a mínima a las arterias de cualquier persona.

Cuando la tensión arterial, tanto la sistólica (máxima) como la diastólica (mínima), esté por encima de lo normal, someterá a las paredes de las arterias a una presión excesiva que dañará esas paredes, lesionará el endotelio y las otras capas de la pared arterial.

El que la tensión arterial máxima esté por encima de lo normal dependerá del volumen de sangre que mande el corazón, pero también de la capacidad que tenga la arteria para dilatarse. Si se puede dilatar mucho la arteria, la tensión arterial máxima no subirá mucho; si se puede dilatar poco, subirá mucho. La tensión arterial diastólica —la mínima, la baja— dependerá también de que la arteria mantenga un tono, que no sea excesivo, para que no se reduzca mucho su luz. ¿Cómo se regula esa capacidad de la arteria para distenderse y que no suba mucho la tensión arterial máxima y luego mantener un tono adecuado, con un calibre apropiado, para que la tensión arterial diastólica, mínima o baja, no esté elevada?

Nos tenemos que imaginar la arteria como lo que es, una estructura viva; y el endotelio, la capa más interna de la arteria, la que está en contacto con la sangre, produce una serie de sustancias, unas que dilatan la arteria y otras que la contraen. Del equilibrio de estas sustancias dependerá el que una persona tenga o no hipertensión:

a) Sustancias producidas por el endotelio que favorecen la vasodilatación, es decir, que la luz de las arterias aumente:

- Óxido nítrico.
- Prostaciclina.

Éstas son dos sustancias importantes que intervienen en el control del tono vascular. Además previenen el que las plaquetas se junten unas con otras y formen microtrombos. También impiden el crecimiento celular.

b) Sustancias producidas por el endotelio que favorecen la vasoconstricción, es decir, que la luz de las arterias disminuya:

- Endotelina.
- Angiotensina.

Estas sustancias, al contrario que las anteriores, favorecen la agregación plaquetaria, es decir, que se junten las plaquetas y formen microtrombos, y también favorecen el crecimiento celular.

En las personas con la tensión arterial normal hay un predominio de las sustancias vasodilatadoras, antitrombóticas y antiproliferativas, mientras que en las que padecen hipertensión arterial hay una preponderancia de las sustancias vasoconstrictoras, trombogénicas y favorecedoras de la multiplicación celular.

Cifras y medidas

La HTA produce una alteración en el endotelio que favorece que se inicie el proceso de la arteriosclerosis, como hemos visto antes.

Si una persona tiene el colesterol alto y además es hipertensa, se lesionará el endotelio antes y más rápidamente, por lo que la arteriosclerosis se producirá antes y evolucionará asimismo más rápidamente.

Clasificación de la hipertensión arterial en adultos mayores de dieciocho años

Categoría	Tensión arterial sistólica o máxima en milímetros de mercurio	Tensión arterial diastólica o mínima en milímetros de mercurio
Normal	Menos de 130	Menos de 85
Normal alta	De 130 a 139	De 85 a 89
Hipertensión		
Estadio 1 (Media)	De 140 a 159	De 90 a 99
Estadio 2 (Moderada)	De 160 a 179	De 100 a 109
Estadio 3 (Grave)	De 180 a 209	De 110 a 119
Estadio 4 (Muy grave)	Igual o mayor a 210	Igual o mayor a 120

De forma coloquial, el médico puede informar al paciente de su tensión en centímetros de mercurio, con lo que 130/85 pasa a ser 13/8,5.

Esta clasificación es válida para un paciente que no tome medicación hipertensiva y sin enfermedad aguda alguna.

Si un paciente tiene la tensión arterial sistólica y la tensión arterial diastólica en diferentes categorías, para clasificar a dicho paciente se debe escoger la cifra más alta. Por ejemplo: un paciente con tensión arterial 163/98 debe clasificarse como estadio 2; con una tensión arterial 180/122 se clasificará como estadio 4.

Se define como *hipertensión arterial sistólica aislada* aquella cuya tensión arterial sistólica es mayor de 140 con diastólica menor de 90.

El diagnóstico de hipertensión se debe hacer tomando la tensión arterial dos o más veces en dos o más visitas.

En los últimos años se está utilizando la monitorización ambulatoria de la presión arterial, que permite apreciar mejor su repercusión sobre el corazón, el riñón, el cerebro, etc.

La monitorización ambulatoria de la presión arterial —el paciente lleva puesto un aparato que le toma la tensión arterial cada hora y la deja registrada— ofrece las siguientes ventajas sobre la toma casual de la tensión arterial:

1) Registra de manera más fidedigna las variaciones de la tensión arterial de un paciente a lo largo del día.

2) Nos informa sobre si los fármacos que estamos utilizando producen el efecto antihipertensivo deseado.

3) La tensión arterial varía a lo largo del día y, en condiciones normales, por la noche hay un descenso de la tensión arterial del 10%, debido a la menor actividad del sistema nervioso simpático. Con la monitorización ambulatoria de la tensión arterial, podemos comprobar si se produce esa disminución de la tensión arterial por la noche.

La monitorización ambulatoria de la presión arterial —MAPA son sus siglas; para acordarse, asóciala con un mapa de carreteras, por ejemplo— no debería sustituir a la medición en la consulta. Está indicado recurrir a ella cuando se presenta una variación no habitual de la tensión arterial en la misma visita o en diferentes visitas.

La pregunta del millón es: en pacientes con hipertensión arterial, ¿hasta qué punto hay que bajar las cifras de la tensión arterial?

Se ha discutido mucho esto durante algún tiempo, pero hoy día se ha alcanzado el siguiente acuerdo: en hipertensos en tratamiento, debemos bajar la tensión arterial a cifras inferiores a 140/90. En los diabéticos, a 13/8,5.

Importante: no hay que bajar la tensión arterial de forma rápida, sino acercarnos al objetivo poco a poco. Las reducciones mayores, siempre que se consigan de forma lenta y sean bien toleradas por los pacientes, pueden suponer un beneficio adicional para evitar accidentes cerebro-vasculares.

La obesidad

La obesidad es el resultado de una acumulación excesiva de grasa en el cuerpo. Puede haber personas con un peso superior al normal, pero si se debe a que poseen una gran masa muscular, no se considerarán obesas.

Hay distintos métodos para calcular la cantidad de grasa que tiene una persona. En la práctica, para el diagnóstico de obesidad se utiliza el Índice de Masa Corporal (IMC) o Índice de Quetelet, así llamado por el nombre de su descubridor.

En el capítulo 4 ya se ha descrito cuál es el IMC normal y cuándo se considera alterado.

Según el lugar en el que se acumule la grasa, distinguimos dos tipos de obesidades:

1. *Obesidad androide:* es típica del hombre, pero también puede aparecer en la mujer. Se caracteriza porque la grasa se localiza sobre todo en la cintura. Se dice que tiene forma de manzana.

2. *Obesidad ginoide:* es típica de la mujer, aunque también puede aparecer en el hombre. Se caracteriza porque la grasa se acumula sobre todo en las caderas. Se dice que tiene forma de pera.

Además de la vista, que puede engañar, hay un método para diferenciar la obesidad androide —manzana— de la ginoide —pera—, que consiste en medir el índice cintura-cadera de la siguiente forma:

a) Acuéstate, toma una cinta métrica y mide el perímetro de la cintura entre el reborde costal inferior y las crestas ilíacas, que es la circunferencia del abdomen a la altura del ombligo.

b) Ahora ponte en pie y mide el perímetro de la cadera a la altura de los trocantes mayores, es decir, la circunferencia máxima a la altura de las nalgas.

Hombres: cintura/cadera >1: obesidad androide.
Mujeres: cintura/cadera > 0,9: obesidad androide.
Hombres : cintura/cadera <1: obesidad ginoide.
Mujeres : cintura/cadera <0,9: obesidad ginoide.

Vamos a practicar con los conocimientos adquiridos hasta ahora.

Imaginemos a un hombre de 1,75 m de estatura y 90 kg de peso. Su cintura mide 100 cm y su cadera, 90 cm. Vamos a calcular lo que ya conocemos:

IMC = Peso en kg/altura en m $\times$ altura en m
$90/1{,}75 \times 1{,}75 = 29{,}3$
Índice cintura/cadera = $100/90 = 1{,}1$.

Luego, este hombre tiene una obesidad androide.

Otro ejemplo. Una mujer mide 1,67 m y pesa 85 kg. Su cintura mide 85 cm y su cadera, 100 cm.

Vamos a calcular los índices:

IMC = Peso/altura $\times$ altura = $85/1{,}67 \times 1{,}67 = 30{,}4$
Índice cintura/cadera = $85/100 = 0{,}85$.

Luego, esta mujer tiene una obesidad ginoide.

Ahora practica con tus medidas. No te dé vergüenza, nadie se va a enterar.

Tú mides _____ m y pesas _____ kg.
Tu cintura mide _____ y tu cadera mide _____.
Luego:
Tu índice de masa corporal es _____.
Tu índice cintura/cadera es _____.
Tu grado de obesidad es _____ (consulta la tabla).
En el caso de que resultes obeso, ¿a qué tipo perteneces, androide o ginoide? _____.

Alteraciones que produce la obesidad

Distinguir entre estos dos tipos de obesidad no es por hacer propaganda de las manzanas o de las peras, sino porque se ha comprobado que resulta muy importante para la salud. Se sabe que quienes tienen una obesidad de tipo androide —manzana— tienen la grasa localizada sobre todo en la zona de la cintura, en el hígado y otras vísceras, lo que se asocia frecuentemente con enfermedades como la diabetes mellitus, la hipertensión arterial, el aumento de los triglicéridos y la disminución de las HDL. Por tanto, es muy importante tratar este tipo de obesidad, porque con ello prevenimos otras enfermedades.

La obesidad de tipo ginoide —pera— no se suele asociar con estas enfermedades.

La obesidad favorece el desarrollo de la hipertensión arterial y la diabetes tipo 2, el aumento de las VLDL —muy ricas en triglicéridos y menos en colesterol— y la disminución de las HDL. Por todas estas alteraciones, favorece de forma muy importante el desarrollo de la arteriosclerosis.

El tabaco

Te explicaré algunas cosas sobre el tabaco.

En el humo del cigarrillo se han aislado más de 4.000 componentes distintos, pero no te asustes porque no voy a hablarte de cada uno de ellos. Citaré solamente la nicotina y el monóxido de carbono, por sus acciones sobre los vasos sanguíneos y la circulación de la sangre. El tabaco, como sabes, tiene además sustancias cancerígenas y otras irritantes. Recuerda que alguna vez has entrado en algún bar o cafetería y se te han irritado los ojos por el humo del tabaco.

Veamos ahora los efectos de la nicotina y el monóxido de carbono sobre los vasos sanguíneos y la circulación.

La nicotina

En primer lugar, la nicotina aumenta en 15 o 20 pulsaciones el ritmo del corazón, el número de latidos; por tanto, lo hace trabajar más —por lo que durará menos— y, en segundo lugar, aumenta la tensión arterial hasta 20 mm de mercurio la máxima y 14 mm de mercurio la mínima. Es decir, si una persona tiene 14/8 de tensión, después de fumarse un cigarrillo puede alcanzar 16 de máxima y 9,4 de mínima. Este aumento de la tensión arterial es perjudicial para el corazón y para el riñón.

La nicotina produce también una vasoconstricción, es decir, un estrechamiento de los vasos pequeños y los capilares, lo que ocasiona que llegue menos sangre a las partes más alejadas del corazón y que disminuya la temperatura de las manos y de los pies unos 3 °C, y aumenta la viscosidad de la sangre, es decir, la hace más espesa por el incremento de los hematíes —los glóbulos rojos— y, por tanto, determina un mayor riesgo de trombosis.

La nicotina disminuye la deformabilidad de los hematíes. ¿Qué es eso? Te lo explico.

Los hematíes se mueven primero por arterias gordas, como la aorta, pero luego han de circular por unas finísimas y por los capilares, y para conseguirlo es necesario que se deformen y se hagan alargados para poder pasar. Por la acción de la nicotina, el hematíe no se puede deformar con facilidad y no pasa por los vasos muy finos o lo hace más lentamente y obstruyendo el paso de otros componentes de la sangre y no pudiendo llevar el oxígeno al lugar adecuado.

Produce también la nicotina un aumento de la agregación de las plaquetas. Las plaquetas, como sabes, son células que van en la sangre y son necesarias para la coagulación. Si tienden a agregarse de más, se forman microtrombos que obstruyen los vasos sanguíneos muy finos y dejan pequeños tramos sin sangre.

La nicotina favorece la aparición de arritmias en el corazón y actúa sobre las grasas produciendo un aumento del colesterol y los triglicéridos, junto con una disminución de las HDL, el llamado colesterol bueno, y un aumento de las LDL, el llamado colesterol malo.

Hay otros efectos indeseables de la nicotina, pero creo que con los expuestos queda suficientemente aclarado lo tremendamente perjudicial que resulta fumar. No obstante, te explicaré ahora las acciones del monóxido de carbono (CO), otro componente del humo del tabaco no tan famoso como la nicotina.

El monóxido de carbono

Los hematíes, los famosos glóbulos rojos, son unas células que llevan en su interior una proteína llamada hemoglobina, cuya función consiste en transportar el oxígeno a todas las células del organismo. El monóxido de carbono tiene una afinidad, una apetencia por la hemoglobina 240 veces mayor que el oxígeno; por ello, se une mucha hemoglobina al monóxido de carbono y forma un compuesto llamado carboxihemoglobina. Cuanto más monóxido de carbono haya, menos oxígeno se podrá unir a la hemoglobina y, por tanto, menos llegará a las células, y éstas no podrán desarrollar bien su función. Al llegar menos oxígeno a las células del corazón, el riesgo de infarto crece.

El monóxido de carbono aumenta el colesterol y la agregación de las plaquetas.

Quizá haya quedado ya bastante claro lo enormemente perjudicial que resulta el tabaco para el sistema cardiovascular de las personas; y que si juntamos tabaco y colesterol elevado, la mezcla puede ser catastrófica. No me gusta ser alarmista, pero sí decir y explicar la verdad claramente.

Otros problemas

No te he hablado de otros problemas que produce el tabaco, tales como que el 90% de los cánceres de pulmón se producen en fumadores y el mismo porcentaje de las bronquitis crónicas son debidas también al tabaco.

Cuando les expongo esto a los pacientes, algunos se resisten y comienzan a dar razones por las cuales creen que lo que fuman no es tan perjudicial para ellos como yo pienso, y algunos comentan que dejan mucho tiempo el cigarrillo en el cenicero y que le dan pocas caladas. A estas personas hay que explicarles que el humo que sale de la punta del cigarro tiene mayor concentración de nicotina, alquitrán y otras sustancias cancerígenas que el expulsado por el que está fumando, porque no ha pasado por el filtro del cigarrillo ni por los pulmones del fumador.

Otros te dicen que fuman rubio, dando a entender que el tabaco rubio es menos perjudicial, cuando realmente ocurre al contrario, pues el rubio tiene más alquitranes cancerígenos.

Hay quienes cuentan que fuman *light,* bajo en nicotina y alquitrán, y a éstos hay que explicarles que se ha comprobado que quienes fuman *light* tienden a fumar más, puesto que su organismo está acostumbrado a unas dosis determinadas de nicotina.

Estudios muy recientes han demostrado que los fumadores de *light* tienen prácticamente la misma incidencia de cáncer de pulmón que los otros fumadores, pero que el cáncer se suele localizar más en la base de los pulmones, en su parte inferior, como si al fumar *light* aspiraran el humo con más intensidad y llegara en mayor medida hasta la base, depositando en esa zona más alquitranes cancerígenos.

Tengo muchos pacientes con el colesterol o los triglicéridos elevados que creen que fumar sólo cinco o seis cigarrillos al día no tiene importancia, y están muy equivocados, puesto que un único cigarro es perjudicial. Importa también dejar claro a estas personas que, aunque solamente fumen esa cantidad de cigarrillos al día, les resultará difícil abandonar el tabaco. Ya están acostumbradas a una cantidad de nicotina en sangre, aunque sea baja, y a fumar en determinadas circunstancias, por ejemplo, al tomar café, después de comer, etc. Por tanto, si es necesario, hay que prestarles ayuda para dejar de fumar. Deben saber que la dependencia física de la nicotina dura una semana, pero la dependencia psicológica puede durar mucho más, precisamente porque asociamos el tabaco a una serie de circunstancias como una copa, el inicio del trabajo, la sobremesa, etc.

Consejos para dejar de fumar

- ☞ Prepárate mentalmente para dejarlo y fija un día para hacerlo.
- ☞ No es necesario que pienses que dejas de fumar para toda la vida. Piensa que lo haces sólo para seis meses, y luego amplía los plazos.
- ☞ Come abundante fruta y verdura.
- ☞ Bebe mucha agua.
- ☞ Comienza a hacer ejercicio físico, poco a poco.
- ☞ Retira los ceniceros de la casa.
- ☞ Quizá precises —le ocurre a muchas personas— apoyo psicológico.
- ☞ Puedes ayudarte con los parches o los chicles de nicotina.
- ☞ Piensa que, al dejar de fumar, no sólo estás evitando enfermedades, sino que además te vas a encontrar mucho mejor física y psicológicamente, por haber sido capaz de vencer una drogadicción, con la fuerza mental que esto proporciona.

El tabaco no sólo perjudica al que lo fuma, sino también —y esto es tan terrible como injusto— a los que están cerca del fumador: los fumadores pasivos. Así, se ha demostrado que la frecuencia de infarto y de angina de pecho es 15 veces mayor entre las mujeres con maridos fumadores que en aquellas cuyos maridos no fuman.

Es probable que cuando leas este libro hayan salido al mercado —o falte muy poco— unos comprimidos que llevan una sustancia antidepresiva llamada bupropión, que se está utilizando como tratamiento para dejar de fumar. Según estudios realizados, esta sustancia es más eficaz que el placebo o los parches de nicotina. El placebo es un comprimido semejante al del bupropión pero sin esta sustancia y sirve para poder comprobar que no es el hecho de tomarse un comprimido lo que produce el efecto, sino la sustancia química que se está estudiando.

Los pacientes que han tomado el bupropión y dejan de fumar tienen menos tendencia a ganar peso que los que dejan de fumar sin el bupropión. Como efectos secundarios se han descrito sequedad de boca, insomnio y algunos menos frecuentes pero más graves, por lo que debe ser el médico el que recete estos comprimidos indicándole al paciente los posibles efectos secundarios.

Este fármaco no debe ser tomado por pacientes que tengan una historia clínica de anorexia o bulimia, antecendentes de crisis convulsiva o enfermedad psiquiátrica.

Si ya has dejado de fumar, enhorabuena. Al cabo de un año de no hacerlo, los riesgos antes enumerados se habrán reducido en un 50%, y a los diez o quince años serán equiparables a los del no fumador.

La diabetes

En este libro no trataré de la diabetes en profundidad. Solamente haré algunos comentarios imprescindibles.

La diabetes es una enfermedad en la que los niveles de glucosa —azúcar— en la sangre son superiores a lo normal. Los niveles normales de glucosa en sangre en ayunas son de 60 a 110 mg/dl.

Se dice que una persona es diabética si en ayunas tiene una glucosa en sangre igual o mayor a 126 mg/dl.

Si la glucosa en ayunas es mayor de 110 mg/dl y menor de 126 mg/dl, se dice que está alterada, porque no es normal, pero tampoco se puede diagnosticar como diabetes.

La diabetes descompensada, es decir, cuando los niveles de glucosa en la sangre son más altos de lo normal, altera el endotelio y, por tanto, favorece la arteriosclerosis. La diabetes descompensada puede aumentar las LDL y disminuir las HDL. Además, las plaquetas tienden a juntarse entre sí, lo que favorece la trombosis.

Por todo esto, es muy importante controlar bien la diabetes con el tratamiento que cada paciente precise.

El estrés

Estudios sobre este particular han demostrado que el estrés produce una disminución de la cantidad de sangre que llega al músculo cardiaco.

Pacientes a los que se les ha colocado un electrocardiógrafo portátil han presentado signos de falta de riego sanguíneo en el músculo cardiaco en el transcurso de la hora posterior a un momento de estrés.

Se ha demostrado también que el estrés aumenta la homocisteína, sustancia que favorece la arteriosclerosis.

Factores genéticos

Como se explica en un capítulo posterior, la herencia juega un papel importante en el desarrollo de la arteriosclerosis.

Capítulo 9

¿Cuándo se deben tratar el colesterol y/o los triglicéridos con medicinas?

Valoración individualizada del riesgo cardiovascular

Ya hemos explicado que el exceso de colesterol es perjudicial para las arterias, pero que no es el único factor de riesgo que existe en este sentido, sino que hay otros, como el tabaco, la obesidad, la hipertensión arterial, etc.

Antes de decidir si a una persona debe recetársele alguna medicación para reducir sus niveles de colesterol hemos de hacer una valoración individualizada de su riesgo cardiovascular, es decir, del riesgo que tiene de sufrir un infarto o una trombosis. Si para los siguientes diez años el riesgo supera el 20%, tendríamos que administrarle medicinas. Un riesgo mayor del 20% durante los diez años siguientes significa que tiene más de 20 papeletas de un total de 100 en el sorteo de un infarto en los siguientes diez años.

Como colofón de muchos estudios en esta materia se han confeccionado unas tablas en las que se indican los objetivos que se pretenden conseguir con el colesterol malo, las LDL, para poder explicárselos a los pacientes.

Cuando tratamos a una persona con el *colesterol alto,* lo que queremos evitar es que tenga un infarto o una trombosis. Debemos distinguir entre dos situaciones posibles:

- *Primer caso:* el paciente que examinamos para decidir si precisa o no medicación no ha tenido nunca un infarto. Se trata aquí de realizar la llamada prevención primaria, es decir, nuestro objetivo es prevenir el posible infarto de esa persona que no lo ha tenido con anterioridad.

– *Segundo caso:* el paciente ya ha tenido un primer infarto y lo que queremos evitar es que le repita. Hacemos entonces prevención secundaria, es decir, tratamos de evitar un segundo infarto.

Vamos a analizar las distintas variables que se pueden presentar y los objetivos a conseguir.

Prevención primaria

Si una persona tiene el colesterol basal entre 200 y 300 mg/dl y carece de otros factores de riesgo —diabetes, hipertensión, obesidad, tabaquismo, etc.—, el objetivo será conseguir que baje el colesterol malo, las LDL, a menos de 175 mg/dl. Si se mantiene por encima de 175mg/dl, se aconsejará seguir una dieta, practicar ejercicio físico y, si con estas medidas no disminuye, establecer un tratamiento con fármacos para reducirlo.

Si una persona tiene el colesterol basal entre 200 y 300 mg/dl, pero además presenta otros factores de riesgo cardiovascular, es decir, fuma o tiene la tensión arterial elevada, es obeso, etc., entonces, como existe otro factor u otros factores que perjudican a las arterias, tendremos que ser más exigentes y disminuir el colesterol malo, las LDL, hasta 155 mg/dl. Prescribiremos siempre a esa persona una dieta hipocolesteremiante y le aconsejaremos que haga ejercicio físico. Pero si aun así no conseguimos que las LDL bajen de 155 mg/dl, tendremos que ponerle tratamiento con medicinas.

Si a una persona que se fuma un paquete de tabaco al día y tiene las LDL en 165 mg/dl no le bajan estas cifras con dieta y ejercicio, habrá que ponerle medicación. Si esa misma persona deja de fumar, no será necesario que tome medicinas. Por mi consulta pasan muchos pacientes que acuden al médico porque tienen el colesterol alto, con

LDL superiores a 155 mg/dl e inferiores a 175 mg/dl, que se fuman un paquete de tabaco diario; si dejaran de fumar, no precisarían medicación. Pues bien, muchos siguen fumando y hay que medicarlos, a pesar de que procuro dejarles claro ese hecho.

Si una persona tiene el colesterol basal entre 200 y 300 mg/dl y concurren en ella dos o más factores de riesgo, porque fuma y es hipertensa, es obesa e hipertensa, o fuma y es obesa, o incluso fuma, es obesa e hipertensa, al tener más factores perjudiciales para las arterias debemos ser más exigentes con el colesterol malo, las LDL, y reducir sus niveles, con los medios que sean necesarios, por debajo de 135 mg/dl. Lógicamente, lo primero sería aconsejar una dieta adecuada, ejercicio físico regular y que elimine los restantes factores de riesgo: que abandone el tabaco, si fuma; que controle bien la tensión arterial, si es hipertensa; que baje de peso, si está obesa; pero si con todo esto no se consiguen disminuir las LDL por debajo de 135 mg/dl, o esa persona no está dispuesta a seguir los consejos, habrá que lograr la disminución comentada a base de medicación.

Si una persona tiene el colesterol basal por encima de 300 mg/dl, aunque no posea otros factores de riesgo, habrá que intentar conseguir que las LDL, el colesterol malo, disminuyan por debajo de 135 mg/dl. Se recomendará primero una dieta adecuada y la práctica de ejercicio físico de forma regular, pero si con eso no se consigue el objetivo de tener las LDL por debajo de 135 mg/dl, hay que poner medicación.

Prevención secundaria

Si estamos ante una persona que ya ha tenido un infarto y queremos hacer prevención secundaria para que no le repita, entonces, independientemente de las cifras de colesterol basal que presente y de que cuente o no con otros factores de riesgo, hay que conseguir que el colesterol malo, las LDL, esté por debajo de 100 mg/dl.

En un caso así no se puede andar con bromas. Incluso se investiga actualmente si convendría disminuir las LDL por debajo de 75 mg/dl, para tratar de reducir el número de reinfartos.

En personas con diabetes que no han tenido infartos ni trombosis se recomienda tener las LDL, el colesterol malo, por debajo de 130 mg/dl; los triglicéridos, por debajo de 200 mg/dl; y las HDL, el colesterol bueno, por encima de 35 mg/dl. Si estas cifras no se consiguen con dieta y ejercicio, hay que poner medicación. Si el diabético ha sufrido un infarto o una trombosis, hay que conseguir que tenga el colesterol malo, las LDL, por debajo de 100 mg/dl; los triglicéridos, por debajo de 150 mg/dl, y el colesterol bueno, las HDL, por encima de 35 mg/dl.

¿Cuándo se deben tratar los triglicéridos con medicinas?

Un grupo de expertos en lípidos ha recomendado la siguiente pauta:

- Se considera deseable que los triglicéridos se mantengan por debajo de 200 mg/dl.
- Entre 200 y 400 mg/dl se considera límite alto.
- Si se encuentran entre 400 y 1.000 mg/dl, están altos.
- Por encima de 1.000 mg/dl están muy altos.

a) Triglicéridos en el límite alto. En muchas ocasiones, son debidos a causas como la obesidad, el alcohol o la diabetes. Pueden necesitar tratamiento con medicinas, si se deben a un trastorno genético conocido, a un aumento del riesgo cardiovascular o no hay causa conocida que los aumente. También puede ser necesario tratarlos con fármacos si hay otros factores de riesgo, y especialmente si las LDL están altas y/o las HDL bajas.

b) Triglicéridos altos (entre 400 y 1.000 mg/dl). Los triglicéridos altos suelen ser debidos a causas genéticas conocidas o a causas secundarias. Lo primero que debemos hacer es adoptar una serie de medidas dietéticas para corregir la obesidad, si la hay; prohibir el alcohol, etc., y si con esto el paciente no mejora, habrá que emplear fármacos. Si los niveles bajan al límite alto, actuaríamos igual que en el caso anterior.

c) Triglicéridos muy altos (más de 1.000 mg/dl). Pueden ser un efecto secundario al consumo de alcohol, por lo que hay que prohibirlo. Además es preciso adoptar medidas dietéticas y casi siempre se necesitan fármacos para reducir el riesgo de pancreatitis.

Fármacos disponibles para el tratamiento de las hiperlipemias

Estatinas

Lovastatina, simvastatina, pravastatina, fluvastatina, cerivastatina y atorvastatina. No te aprendas estos nombres: los he apuntado para que, en el caso de que estés tomando alguna medicación, sepas si pertenece a este grupo.

¿Cómo actúan?

Recuerda que decíamos que el colesterol que hay en la sangre procede de dos fuentes: los alimentos y el que se sintetiza en el hígado. Estas sustancias disminuyen la formación, la síntesis, de colesterol del hígado, por lo que la persona que las toma tendrá menos colesterol total y menos LDL. La atorvastatina disminuye también la producción de triglicéridos del hígado.

¿Tienen otras acciones además de disminuir el colesterol?

Estudios sobre esta materia han demostrado que en los pacientes que toman estatinas disminuía de manera muy considerable el número de infartos y reinfartos, sin que se pudiera encontrar, incluso realizando arteriografías coronarias —radiografías con contraste de las arterias del corazón—, que hubiera disminuido el tamaño de la placa de ateroma.

Recordarás que cuando hablábamos de la arteriosclerosis decíamos que la placa de ateroma no suele reducir la luz de las arterias, pero que no es raro que se rompa y ocasione, de forma aguda, un infarto, una angina de pecho. Se ha comprobado que estos fármacos estabilizan la placa y reducen las posibilidades de que se rompa, con las consecuencias mencionadas.

¿Cuánto disminuyen las LDL?

La disminución de las LDL que provocan estos fármacos depende de la dosis que demos: a mayor dosis, mayor disminución de LDL.

Entonces, ¿qué dosis hay que dar?

Lo más adecuado es comenzar con dosis bajas, repetir los análisis de colesterol, HDL y LDL, cada pocos meses e ir aumentando la dosis hasta lograr el objetivo respecto a las LDL o hasta alcanzar la dosis máxima de la estatina que estemos usando. Si con la dosis máxima no conseguimos el objetivo fijado para las LDL, podremos asociar otros fármacos que veremos más adelante.

¿Qué efectos no deseables pueden tener?

Ante todo hay que decir que son generalmente bien tolerados, aunque a veces producen molestias digestivas leves. Aunque no es frecuente, pueden afectar al hígado; por eso se aconseja hacer un análisis de las transaminasas —enzimas del hígado— GOT y GPT antes de iniciar el tratamiento. Este análisis se repetirá a las seis semanas, después a los tres meses y luego a los seis meses. Si las transaminasas aumentan al triple de su valor normal, se suspenderá el tratamiento, y entonces volverán a la normalidad. Esta alteración hepática se produce en el 1% de los pacientes tratados.

Se han descrito casos, raros, en los que se ven afectados los músculos, con dolores y debilidad. Si aparecen estos síntomas, pediremos un análisis de la enzima muscular CPK, y si es 10 veces superior a lo normal, se suspenderá el tratamiento.

¿Cuándo no se deben usar, es decir, cuándo están contraindicados?

- En niños menores de catorce años.
- Durante el embarazo.
- En pacientes con enfermedades crónicas del hígado.
- Si se detecta un aumento de las enzimas del hígado GOT, GPT y transaminasas.

Fibratos

En España, los más usados son: fenofibrato, bezafibrato, genfibrozilo y binifibrato. Los apunto por si te han mandado alguno de ellos y quieres saber lo que estás tomando.

¿Cómo actúan?

Disminuyen la formación —la síntesis— de triglicéridos en el hígado hasta un 40% y además aumentan la síntesis de HDL, colesterol bueno, del 10 al 20%.

¿Tienen otras acciones beneficiosas para el organismo?

Sí; destacaré las siguientes:

- Mejoran la actuación de la insulina.

- Disminuyen el fibrinógeno, una sustancia necesaria para la coagulación de la sangre, y, por tanto, disminuyen el riesgo de trombosis.
- Reducen el ácido úrico.

La acción fundamental de estos fármacos consiste en disminuir los triglicéridos y aumentar las HDL. Las otras acciones comentadas ayudan un poco a reducir el riesgo de trombosis.

¿Cómo afectan a otras medicinas?

Si una persona está tomando un anticoagulante oral como el sintrón®, deberá hacerse un análisis de protombina y ajustar la dosis del anticoagulante, porque los fibratos potencian la acción del sintrón®.

Si una persona está tomando antidiabéticos orales y le mandan fibratos, tendrá que controlar con frecuencia la glucosa en sangre para ajustar la dosis de antidiabéticos orales, pues, como ya hemos dicho, los fibratos hacen que la insulina actúe mejor.

¿Qué efectos no deseables pueden producir?

En general, son bien tolerados, aunque a veces pueden producir molestias digestivas leves. No obstante, se deben hacer determinaciones de las transaminasas y de la enzima muscular CPK, como indicamos para las estatinas.

¿Cuándo no se deben emplear?

Si el aumento de los triglicéridos es secundario a una obstrucción de la vía biliar o a una enfermedad renal. En esos casos no están indicados.

Resinas de intercambio

En España, las más usadas son: colestiramina, colestipol, filicol y dietilaminodextrano.

¿Cómo actúan?

Son sustancias que se unen al colesterol y a los ácidos biliares en el intestino y aumentan su eliminación con las heces, porque no se absorben, y, por tanto, no pasan a la sangre.

¿Cuándo se deben tomar?

Antes de las comidas, para que el colesterol de los alimentos y los ácidos biliares que hay en el intestino se unan a ellas y los eliminen.

¿Qué eficacia tienen?

Pueden hacer que las LDL disminuyan entre un 25 y un 30%.

¿Qué precauciones debe adoptar una persona que esté tomando otra medicación si le prescriben estas resinas? ¿Cómo debe actuar?

Las resinas dificultan la absorción de las vitaminas liposolubles A, D, E y K y del ácido fólico, así como de medicamentos como digoxina, tiroxina, anticoagulantes orales y amiodarona. Por tanto, si una persona está tomando alguna de estas medicinas, debe ingerir ésta cuatro horas antes o después de la resina para que esta última no interfiera en su absorción.

¿Qué efectos no deseables pueden producir las resinas?

Es bastante frecuente que las personas que toman resinas tengan flatulencias y estreñimiento, que en muchos casos les hacen abandonar el tratamiento. Se debe comenzar con una dosis baja que se irá aumentando según el grado de tolerancia del paciente.

Aceites de pescado ricos en ácido omega 3

Los ácidos omega 3 disminuyen los triglicéridos y pueden estar indicados para pacientes con aumento muy importante de los triglicéridos y para los que no puedan tomar, o no les hayan producido efecto, los fibratos.

Recuerda

- Si un paciente tiene altas las LDL, el colesterol malo, y los triglicéridos son normales, usaremos las estatinas. Si el objetivo que nos hemos marcado con las LDL no se cumple utilizando dosis máximas de estatinas, podremos añadir resinas.
- Si no tolera las resinas, podemos añadir fibratos, pero vigilando estrechamente el hígado y los músculos mediante análisis periódicos de transaminasas GOT, GPT y enzimas musculares CPK.
- Si el paciente tiene las LDL y los triglicéridos altos, usaremos los fibratos o la atorvastatina —estatina que disminuye el colesterol y los triglicéridos—. Si no conseguimos el objetivo planteado, podemos asociar fibratos y estatinas, vigilando el hígado y el músculo.
- Si el paciente tiene LDL normales y triglicéridos altos, usaremos los fibratos, y si no se consigue el objetivo planteado, podríamos añadir ácidos grasos omega 3.
- En niños con cifras altas de LDL, si hay que usar fármacos, emplearemos resinas hasta los catorce años y después estatinas.

Capítulo 10

Tratamiento de un paciente con el colesterol y/o los triglicéridos altos

Historia clínica

Creo que es conveniente que quienes tengan el colesterol y/o los triglicéridos altos sepan cuál es la pauta habitual que seguimos los médicos con estos pacientes para determinar no sólo la importancia de la alteración de los lípidos que presentan, sino también para conocer todos los factores que concurran en ellos y que puedan influir en el desarrollo de la arteriosclerosis. Sólo así podremos establecer después un tratamiento lo más adecuado e individualizado posible.

Si tú acudes a mi consulta porque descubres mediante una analítica que tienes el colesterol y/o los triglicéridos altos, el procedimiento que seguiré será el siguiente:

Lo primero de todo, abriré una *historia clínica* en la que figuren los siguientes datos:

- *Nombre.*
- *Edad:* es importante conocerla. Ser hombre con más de cuarenta y cinco años o mujer con más de cincuenta y cinco se considera factor de riesgo cardiovascular, es decir, se tienen más posibilidades de sufrir un infarto, una trombosis, etc., que si se es más joven.

  A las personas con el colesterol un poco elevado, si tienen treinta años, no es preciso tratarlas con medicamentos, pero si tienen cincuenta años, pueden necesitar fármacos.

- *Profesión:* importa también conocerla para saber si es muy estresante, si exige actividad física o, por el contrario, impone hábitos sedentarios.
- *Motivo por el que el paciente se ha hecho el análisis:* si fue una analítica de rutina en un reconocimiento de empresa o porque no se encontraba bien. En este caso preguntaré qué síntomas presentaba, por si pueden orientar hacia enfermedades que aumenten el colesterol y los triglicéridos y así poder diagnosticarlas.
- *¿Desde cuándo* sabe el paciente que tiene el colesterol y los triglicéridos altos? A veces hace sólo unos días. Otras veces, lo sabía desde hacía años, pero no se había preocupado por ello.
- *Antecedentes personales:* hay que saber si el paciente tiene:
  - Diabetes: constituye un factor de riesgo para la arteriosclerosis. Si está descompensada, puede ser la causa de que el colesterol y los triglicéridos estén altos. En este caso, lo correcto es controlar bien la diabetes durante dos meses y después repetir los análisis, que en algunas ocasiones se habrán normalizado y en otras no, por lo que habrá que poner un tratamiento.
  - Hipertensión: si el paciente es hipertenso, habrá que ponerle un tratamiento para conseguir cifras normales.
  - Obesidad: si el paciente es obeso, habrá que ponerle una dieta hipocalórica, con menos calorías de las que gaste, para que pierda peso, pues la obesidad es también un factor de riesgo para los infartos y provoca un aumento de los triglicéridos, que a veces se normalizan al adelgazar.
  - Medicación: es interesante saber si en ese momento el paciente está tomando alguna, porque

hay fármacos que pueden aumentar el colesterol y los triglicéridos, y porque los que necesitaría para bajar el colesterol y los triglicéridos pueden interferir con los que esté tomando ya.

- Antecedentes familiares: los factores de riesgo como el aumento del colesterol, la hipertensión, la obesidad, el tabaco o la diabetes sólo son capaces de explicar el 50% de los casos de infarto. El otro 50% corresponde a personas en las que no sabemos exactamente qué factores han podido desencadenarlo. Sin duda alguna, la herencia es un factor importante.

Si la persona que consulta tiene cuarenta años y su padre sufrió un infarto a los cincuenta, habrá que hacer una valoración muy cuidadosa y tratar de reducir al máximo todos los factores de riesgo conocidos para evitar o retrasar el infarto.

Con esto no quiero decir que los hijos de padres que han sufrido un infarto a los cincuenta tengan también que padecerlo, porque puede ser que el padre fumara y el hijo no, o que el padre fuera hipertenso y el hijo no, pero lo que sí está claro es que esas personas cuentan con más posibilidades de padecer un infarto que otras de sus mismas características cuyos padres tengan ochenta años y no hayan sufrido un infarto.

A veces, cuando hablo de estos temas, digo que una persona para vivir muchos años necesita tres cosas:

- Que sus padres hayan vivido o vivan muchos años.
- Buenos hábitos dietéticos.
- Suerte.

En esas ocasiones, mi mujer se enfada un poco porque su padre murió de repente a los cuarenta y ocho años. Por eso yo la cuido tanto.

También es importante averiguar si los hermanos u otros familiares directos, además de los padres, del paciente que consulta, tienen altos el colesterol y los triglicéridos, puesto que este dato puede orientar hacia hiperlipemias familiares.

- *Hábitos dietéticos:* si el paciente no sigue una dieta adecuada, habrá que introducir los cambios necesarios.
- *Tabaco:* es muy importante, puesto que constituye un factor de riesgo para padecer infarto. (Ver el capítulo dedicado al tabaco.)
- *Alcohol:* importa mucho saber qué bebidas alcohólicas toma el paciente y en qué cantidad, pues hay personas a las que el alcohol les eleva muchísimo los triglicéridos. (Ver el capítulo 15, en el que se describe detalladamente su interacción con los lípidos.)
- *Ejercicio físico:* se necesita saber el grado de actividad física que desarrolla el paciente, puesto que el ejercicio físico, practicado de forma regular, disminuye el colesterol y aumenta las HDL y, por tanto, protege al corazón.
- *Estrés:* el estrés puede favorecer el infarto.

Exploración física

El siguiente paso es realizar la *exploración física*. El médico debe tener los datos de peso, talla y tensión arterial del paciente. Además, ha de hacer una auscultación cardiaca, pulmonar, palpación de cuello y abdomen, y comprobar si los pulsos radial, en la mano; pedio, en el pie, y carotideo, en el cuello, son normales. Si descubre soplos, habrá que sospechar que existan estrecheces en la arteria.

Habrá que comprobar también si hay xantelasmas y/o xantomas.

Los *xantelasmas* son depósitos de grasa en los párpados que aparecen en las personas con los triglicéridos altos, aunque hay personas con los triglicéridos normales que presentan xantelasmas.

Los *xantomas* son como bultos de grasa, de color anaranjado o amarillento, que se observan en personas con cifras bastantes elevadas de colesterol y que no hay que confundir con los quistes de grasa. Para el médico no es difícil distinguirlos.

Una vez realizadas la historia clínica y la exploración física, daré al paciente una serie de *consejos* sobre la dieta. Muchos me preguntan cómo informarse más sobre la dieta. Yo les recomiendo que se lean este libro, que se inicien en la práctica regular de ejercicio físico y que no fumen. Pasados dos meses, les pido una nueva analítica con doble finalidad:

- Por un lado, descartar enfermedades que produzcan aumento de colesterol y/o triglicéridos, tales como el hipotiroidismo, el síndrome nefrótico o la diabetes mal controlada.
- Por otro, hacer un estudio completo de los lípidos, incluyendo las HDL (el colesterol bueno), con el fin de poder valorar adecuadamente si el paciente va a necesitar o no tratamiento con medicinas para disminuir el colesterol y/o los triglicéridos.

Hacer una determinación de LDL en el laboratorio es relativamente complejo, pero existe una fórmula que permite calcular el nivel de LDL conociendo el colesterol total, los triglicéridos y las HDL. Se llama fórmula de Friedwald:

LDL = colesterol total – (HDL + triglicéridos/5)

Imaginemos una persona que tiene un colesterol de 270 mg/dl; triglicéridos de 180 mg/dl y HDL de 42mg/dl. Aplicando la fórmula anterior podemos determinar las LDL de esa persona. En este caso tendría:

$$LDL = 270 - (42 + 180/5) = 270 - (42 + 36) = \\ = 270 - 78 = 192$$

Esta fórmula no es aplicable si los triglicéridos superan los 400 mg/dl. En ese caso las LDL tienen que medirse en sangre directamente.

Los pacientes deben recordar que para hacerse la analítica de triglicéridos tienen que estar doce horas en ayunas, porque si no los resultados pueden alterarse. Además, no deben tomar alcohol en los días anteriores, porque hay personas a las que les disparan los triglicéridos.

Cuando a los dos meses el paciente vuelva con la nueva analítica, si tiene normales las cifras de colesterol y triglicéridos, perfecto, lo animo a que siga así y a que se lea este libro, que ya le recomendé en la primera visita, pero que aún no habrá tenido ocasión de comprar.

Si las cifras de colesterol y/o triglicéridos no se han normalizado, nos encontramos en una situación difícil, porque procede entonces realizar una valoración individualizada y global del paciente para saber si hay que prescribirle medicamentos que bajen el colesterol y/o los triglicéridos.

Una vez hecha la valoración global de ese paciente, en el que evaluaremos no sólo las cifras de colesterol y triglicéridos y HDL, sino también su tensión arterial, si es fumador, etc., recurriremos a seguir la pauta del Comité de Expertos, según el cual se aconseja el tratamiento farmacológico a las personas que tengan un 20% de probabilidades de sufrir un infarto en los próximos diez años.

Valoración individualizada del riesgo cardiovascular

Se consideran factores de riesgo los siguientes:

- Varón con cuarenta y cinco o más años.
- Mujer con cincuenta o más años o con menopau-

sia prematura sin tratamiento hormonal sustitutivo con estrógenos.

- Historia familiar de enfermedad coronaria prematura (infarto o muerte súbita antes de los cincuenta y cinco años en un varón familiar en primer grado).
- Fumador actual.
- Presión arterial de 140/90 o más, confirmada en varias ocasiones, o un tratamiento con medicación hipotensora.
- Concentración de HDL por debajo de 35 mg/dl, confirmada en varias ocasiones.
- Diabetes mellitus.
- Obesidad.

En el caso de individuos con HDL superiores a 60 mg/dl se debe restar una unidad al computar el número de factores de riesgo. Las pautas recomendadas de tratamiento con fármacos ya han sido descritas en otro capítulo.

Una de las cosas más importantes que el médico debe hacer es informar detalladamente al paciente de por qué se le manda la medicación y del tiempo que la debe tomar, que en la mayoría de los casos será de forma indefinida.

En la actualidad sólo uno de cada diez pacientes sigue el tratamiento que se le ha indicado. Esto es debido fundamentalmente a la falta de información que tiene el paciente, al que no se le explica bien la necesidad y las ventajas del tratamiento, así como del tiempo que debe seguirlo. Por eso, muchos pacientes a los que se medica por tener el colesterol y/o los triglicéridos altos, al repetir los análisis a los dos meses y comprobar que las cifras se han normalizado, dejan de tomarla, sin saber que al obrar así volverán a subir. Por tanto, es necesario dejar clara la duración del tratamiento. Ya he dicho que el tratamiento se precisa, en general, de por vida. Yo les explico a los pacientes que en cuanto dejen de tomarlo les volverán a aumentar el colesterol y/o los triglicéridos. Lo mismo le ocurre a una persona diabética que está tomando pastillas para controlar la glucosa. Si deja de tomarlas, le aumentarán de nuevo las cifras de glucosa en sangre.

Puede ser que una persona tenga el colesterol alto y fume, y por ese motivo precise medicación. Si deja de fumar y, por tanto, reduce ese factor de riesgo para el infarto, tendremos que valorar nuevamente su caso por si se le puede quitar la medicación. Lo mismo habría que hacer si estuviera obesa y adelgazara hasta alcanzar un peso normal.

Capítulo 11

Factores que protegen de la arteriosclerosis

Dieta

Seguir una dieta que permita mantener un peso normal, que contenga hidratos de carbono, grasas y proteínas en las proporciones adecuadas y que sea rica en frutas y verduras es, sin duda, una de las recomendaciones esenciales para prevenir la arteriosclerosis.

Como ésta se inicia en la infancia, resulta fundamental que los niños adopten desde el principio buenos hábitos alimentarios, porque eso les ayudará mucho a lo largo de su vida para mantener un buen estado de salud.

En capítulos anteriores se han explicado en profundidad las propiedades de los distintos alimentos y cómo confeccionar una dieta adecuada.

Ejercicio físico

El corazón es un órgano conocido por todos que se encuentra situado en el lado izquierdo del tórax. Su misión es actuar como una bomba que impulsa la sangre para que ésta se distribuya por el organismo a través de los vasos sanguíneos.

Dentro de los vasos sanguíneos podemos distinguir dos grupos diferentes:

1. Las arterias, que llevan la sangre desde el corazón a las células.
2. Las venas, que devuelven la sangre en sentido contrario, es decir, desde las células hasta el corazón.

Así pues, el corazón bombea la sangre, que sale expulsada por su lado izquierdo a través de la arteria aorta, que es la de mayor calibre, la más gruesa. A partir de ese momento, esta arteria aorta empieza a ramificarse y da lugar a nuevas arterias que cada vez van teniendo un calibre menor —son menos gruesas—, como, por ejemplo, las arterias renales, las arterias femorales y otras. Continúan ramificándose a la vez que disminuyen de calibre, hasta llegar a formar unas que son extremadamente finas y que reciben el nombre de arteriolas. Éstas, en último lugar, dan origen a los vasos arteriales más pequeños que existen, de tamaño microscópico, conocidos como capilares arteriales.

Pues bien, es en este punto de los capilares arteriales donde la sangre cede a todas y cada una de nuestras células esas sustancias que le resultan imprescindibles para mantenerse vivas, como el oxígeno, la glucosa y los aminoácidos.

Una vez que la sangre ha cedido estas sustancias, continúa circulando, ahora a través de los capilares venosos, que son los vasos venosos más pequeños que existen, y empieza a suceder lo contrario que con los vasos arteriales. Las venas se van uniendo progresivamente y dan lugar a vasos venosos cuyo calibre aumenta paulatinamente, hasta que en último lugar se forma la más grande, la vena cava, encargada de devolver la sangre al corazón entrando por su lado derecho.

Una vez aquí, la sangre sale nuevamente a través de las arterias en dirección a los pulmones, donde tomará el oxígeno que necesita y volverá con él por las venas pulmonares hasta el lado izquierdo del corazón, donde comienza un nuevo ciclo.

Es como un árbol que tiene un tronco muy gordo, la arteria aorta, del que salen dos ramas también gordas, aunque un poco menos que el tronco. De estas ramas gordas salen otras más finas. De éstas otras, y así sucesivamente hasta llegar a las hojas, que es donde se produce la respiración de las plantas (los capilares).

La función de nuestro sistema vascular es hacer llegar a todas nuestras células el conjunto de elementos y sustancias que componen y circulan a través de la sangre y que son necesarias para el buen funcionamiento del organismo.

¿Qué ocurre cuando se hace ejercicio?

Los grupos musculares que se ejerciten desarrollarán más trabajo y, por tanto, necesitarán más aporte de nutrientes procedentes de los alimentos, sobre todo hidratos de carbono, y también más oxígeno para quemar glucosa. Para que este proceso transcurra con normalidad son precisas dos cosas:

1) Que el corazón lata más rápido, para poder mandar más sangre con nutrientes y oxígeno a ese grupo de músculos que está desarrollando un mayor esfuerzo.

La frecuencia es el número de latidos del corazón por minuto. Se llama frecuencia cardiaca máxima (FCM) a la más alta frecuencia a la que puede latir el corazón durante el ejercicio físico sin provocar alteraciones cardiovasculares. La FCM se calcula mediante la siguiente fórmula:

FCM = 220 – edad en años.

Por ejemplo: la frecuencia cardiaca máxima de una persona que tenga cincuenta años será 220 – 50 = 170. Si supera este número de latidos por minuto se arriesga a desarrollar alteraciones en el corazón. Esta fórmula no es adecuada para las personas que toman unos medicamentos llamados betabloqueantes. No es recomendable que el corazón lata al límite de sus posibilidades, pues se puede correr el riesgo de arritmias cardiacas.

2) Que el cerebro, que es el que controla y manda sobre todo el organismo, dé la orden para que los vasos sanguíneos que conducen la sangre a las zonas donde se está haciendo ejercicio se dilaten y dejen pasar más caudal al tiempo que disminuye el aporte de sangre a otras zonas del

cuerpo que en ese momento no hacen un esfuerzo especial. En resumen, que para poder enviar más sangre a los grupos musculares que hacen ejercicio físico, disminuye la cantidad que llega al riñón, al hígado o al estómago.

Estas modificaciones son habituales cuando se trata de un esfuerzo leve. Si el ejercicio es más intenso y prolongado, el trabajo muscular producirá también calor, que es preciso eliminar mediante la vasodilatación de la piel, para que llegue más sangre a su superficie y se pierda calor por la diferencia de temperatura entre el organismo y el medio exterior. Lógicamente, cuanto más alta sea la temperatura ambiental más difícil será que se pierda calor por la piel. Por el contrario, una temperatura exterior baja facilita la pérdida de calor del organismo sometido a ejercicio y permite obtener mejores resultados.

La dilatación de los vasos sanguíneos de la piel para reducir el calor producido por el trabajo muscular hace que llegue menos sangre a los músculos y, por tanto, disminuye su capacidad de trabajo.

Recuerda

- No se deben efectuar ejercicios físicos fuertes después de comer. Durante el proceso de digestión hay un mayor aporte de sangre al estómago y al intestino. Si en ese momento se emprende un ejercicio fuerte, los músculos, necesitados de más sangre, se la robarán al estómago y al intestino. Éstos no podrán realizar bien su función y quizá se produzca lo que habitualmente conocemos como corte de digestión.
- Cuando la temperatura exterior es elevada, también está contraindicada la realización de ejercicio físico intenso, puesto que será más difícil eliminar el calor producido por el trabajo muscular.

Un error importante, que puede ser muy peligroso para la salud, consiste en hacer ejercicio físico intenso en verano, cuando las temperaturas se aproximan a los 36 °C, con la finalidad de perder peso, pues lo único que se consigue es sudar abundantemente y deshidratarse. Si, además, como hacen algunas personas, se emplean plásticos para aumentar la sudoración, el efecto que se consigue es aún peor para el organismo.

Beneficios que aporta al organismo el ejercicio físico practicado de forma regular

He de decir, en primer lugar, que a lo largo de su historia la medicina ha modificado muchos conceptos. Así, por ejemplo, hace años se decía que el pescado azul era malo para la salud, y ahora se sabe que es beneficioso. Pues bien, cuanto más se estudia sobre el ejercicio físico practicado con regularidad y en la cantidad adecuada para cada persona, más se confirma lo beneficioso que resulta para el conjunto del organismo.

Acción sobre el corazón

Relataré mi propia experiencia. Hace doce años yo fumaba y no hacía ejercicio físico. Mi corazón latía en reposo a 90 pulsaciones por minuto. Comencé a hacer deporte lentamente. Andaba, y a veces corría 200 metros, pero me cansaba pronto y seguía andando. Continué haciendo este ejercicio, y a los tres o cuatro meses corría ya sin esfuerzo 400 o 500 metros mientras andaba. Luego, empezó a molestarme el tabaco. Dos años después dejé de fumar completamente y continué poco a poco con el ejercicio físico. Actualmente puedo jugar horas seguidas al tenis o correr 10 kilómetros, y tengo 60 pulsaciones en reposo, a veces incluso menos.

Ésta no es una historia inventada, sino real: mi propia historia, y en ella se comprueba que con un entrenamiento lento y progresivo se puede conseguir un aumento muy importante de la capacidad física de una persona. Además, al latir ahora mi corazón a 30 pulsaciones menos que hace diez años, realiza un trabajo mucho menor y, por tanto, espero que dure más sin estropearse.

Antes, cuando corría 500 metros, el corazón se ponía a 160 pulsaciones por minuto, y ahora cuando llevo recorridos cinco kilómetros alcanza sólo 140. Es decir, también durante el ejercicio ha disminuido de forma considerable el número de pulsaciones por minuto, con lo cual el corazón trabaja en esos momentos menos que antes.

Acción sobre los vasos sanguíneos

Como ya hemos visto, cuando se hace ejercicio físico de forma regular se produce una dilatación de los vasos sanguíneos de los grupos musculares que están trabajando y de los de la piel para eliminar el calor producido por el trabajo muscular. Éste es uno de los motivos por los que se reduce la tensión arterial.

Se han hecho estudios en los que se ha comprobado sin lugar a dudas que, en pacientes con hipertensión arterial leve y moderada, la práctica de ejercicio físico de forma regular normaliza sus parámetros y hace innecesaria la toma de medicamentos para el control de la tensión arterial. Sin más comentario.

Acción sobre el colesterol y la arteriosclerosis

Se ha comprobado también mediante estudios científicos que el ejercicio físico, practicado de forma regular, disminuye el colesterol total y los triglicéridos, pero además aumentan las HDL, el llamado colesterol bueno, porque va recogiendo el colesterol de la pared de las arterias, las va limpiando y, por tanto, impide el desarrollo de la arteriosclerosis.

Acción sobre el metabolismo de la glucosa

La glucosa precisa para penetrar dentro de las células que la insulina le abra las puertas. Pues bien, el ejercicio físico, practicado de forma regular, hace que la insulina mejore el efecto; es algo así como echar aceite a la cerradura para que la llave abra con mayor facilidad. Por tanto, el ejercicio físico retrasa la aparición de la diabetes del adulto, la del tipo 2, en las personas predispuestas. Es más, en personas que practican ejercicio físico de forma regular, sobre todo si es intenso, durante un período de horas después de un esfuerzo la glucosa puede pasar al interior de las células musculares sin necesidad de insulina. Esto reserva la insulina del páncreas y, por tanto, evita o retrasa la aparición de la diabetes mellitus tipo 2.

Acción sobre el peso de las personas

La actividad física puede representar hasta el 30% del gasto calórico total del día. Por tanto, el ejercicio físico, practicado de forma regular, puede evitar el desarrollo de la obesidad.

Acción sobre los huesos y las articulaciones

El ejercicio físico aumenta la flexibilidad de las articulaciones y además disminuye la pérdida de calcio de los huesos, evitando así la osteoporosis, lo que la gente llama «el desgaste de hueso». Uno de los mejores ejercicios para evitar la osteoporosis es andar al menos una hora al día.

Acción sobre la respiración

El ejercicio físico mejora la capacidad pulmonar y evita la sensación de fatiga con el esfuerzo.

Acción sobre el sistema nervioso

Un grupo de pacientes con depresiones leves y moderadas fue dividido, de manera arbitraria, en dos subgrupos. A los miembros de uno de los subgrupos se les puso un tratamiento médico con fármacos contra la depresión. Al otro subgrupo no se le puso medicación, pero se incitó a sus componentes a que practicaran ejercicio físico de forma regular. Al cabo de pocas semanas, las personas que hacían ejercicio físico habían mejorado mucho más que las que tomaban medicación para la depresión y la ansiedad.

En el caso de los niños, se ha observado que el patrón de comportamiento es en general mejor en los que practican deporte de forma habitual. Luego no se debe suprimir el deporte como método de castigo.

Además, en los niños, el ejercicio físico estimula la secreción de la hormona del crecimiento.

El ejercicio físico ayuda a no fumar y también a que dejen el tabaco los que ya fuman.

Estudios realizados con mayores de sesenta años han demostrado que si una persona anda seis kilómetros al día vivirá más años y con más calidad de vida que otra que ande cinco, y ésta, a su vez, se encontrará mejor que la que ande cuatro, y así sucesivamente. Es decir, cuanto más se anda, más y en mejores condiciones se vive.

Todavía son más las acciones beneficiosas del ejercicio físico practicado de forma regular, pero no las voy a exponer, siguiendo aquel proverbio árabe que afirma que quien dice todo lo que sabe...

Después de leer lo anterior me extrañaría que no estuvieras pensando en ponerte en contacto con tu médico para iniciar un programa de ejercicio físico de acuerdo con tus características.

Tipos de ejercicio físico

Podemos distinguir fundamentalmente dos tipos de ejercicio físico: anaeróbico, estático o de resistencia, y aeróbico o dinámico:

- *El ejercicio físico estático o de resistencia* consiste en someter ciertos grupos musculares seleccionados a un trabajo intenso durante períodos de tiempo cortos, repitiéndolos muchas veces. Por ejemplo, el levantamiento de peso. Como el ejercicio se hace prácticamente con la respiración bloqueada, se llama ejercicio físico anaeróbico, es decir, en ausencia de oxígeno. Otros ejercicios anaeróbicos son el lanzamiento de peso o martillo y correr 100 o 200 m.
- *El ejercicio físico dinámico o de endurecimiento* es aquel en cuya práctica se utilizan amplios grupos de músculos, durante largos períodos de tiempo, con una respiración libre. Como toman oxígeno con la respiración, se les llama ejercicios aeróbicos. Son ejemplos de ejercicios aeróbicos: la marcha, el ciclismo en carretera, la natación, etc.

En algunas ocasiones se produce una mezcla de ejercicios aeróbicos y anaeróbicos. Por ejemplo, una persona que corre lentamente está haciendo un ejercicio aeróbico, pero si al final hace un *sprint,* esa parte sería un ejercicio anaeróbico. Esto mismo sucede en el tenis, fútbol, baloncesto, etc., ejercicios aeróbicos que en algún momento son anaeróbicos. Las ventajas expuestas para el ejercicio físico se refieren a los ejercicios aeróbicos. Los efectos beneficiosos comentados no se producen en los ejercicios físicos anaeróbicos puros.

Gasto calórico de distintas actividades y ejercicios

(Para las mujeres se calcula que es un 10% menos.)

Tipo de actividad	Gasto energético (cal × kg × min)
ACTIVIDAD DOMÉSTICA Y ASEO PERSONAL	
Aseo (lavarse, vestirse, etc.)	0,050
Abrillantar el suelo	0,070
Barrer	0,031
Barrer con aspirador eléctrico	0,068
Bajar escaleras	0,097
Cocinar	0,045
Cocinar en cocina mecanizada	0,032
Coser a mano	0,020
Coser a máquina eléctrica	0,025
Dormir	0,015
Ducharse	0,046
Estar de pie (esperando, etc.)	0,029
Estar sentado: Comiendo	0,025
Escribiendo	0,027
Jugando a las cartas	0,021
Leyendo	0,018
Relajado	0,018
Viendo la televisión	0,025
Fregar suelos	0,066
Hacer camas	0,057
Lavar platos	0,037
Lavar ropa	0,070
Limpiar ventanas	0,061
Limpiar zapatos	0,036
Pintar la casa	0,051
Pintar muebles	0,046
Planchar	0,063
Subir escaleras	0,254

Tipo de actividad	Gasto energético (cal × kg × min)
ACTIVIDADES DEPORTIVO-RECREATIVAS	
Andar:	
Caminar a 3,6 km/h	0,051
Caminar a 5,1 km/h	0,069
Correr a 5,6 km/h	0,073
Correr a 7,1 km/h	0,097
Correr a 7,3 km/h	0,121
Correr a 8,2 km/h	0,138
Correr a 9,2 km/h	0,167
Correr campo a través	0,163
Bailar:	
Moderadamente	0,061
Vals	0,075
Vigorosamente	0,083
Rumba	0,101
Cavar	0,136
Conducir coches	0,043
Conducir motos	0,053
Correr en bicicleta:	
A 8 km/h	0,064
A 14 km/h	0,100
A 20 km/hora	0,160
Cuidar el jardín	0,086
Escalar	0,190
Esquiar	0,152
Hacer montañismo	0,147
Jugar a:	
Baloncesto	0,140
Balonvolea	0,120

Tipo de actividad	Gasto energético (cal × kg × min)
Bolos	0,098
Fútbol	0,137
Golf	0,079
Petanca	0,052
Ping-pong	0,057
Squash	0,152
Tenis	0,101
Montar a caballo	0,107
Nadar:	
Braza de espalda, 20 m/min	0,057
Braza de espalda, 30 m/min	0,100
Braza de espalda, 35 m/min	0,122
Pecho, 18 m/min	0,070
Pecho, 27 m/min	0,106
Pecho, 36 m/min	0,141
Crol, 40 m/min	0,128
Remar:	
Por placer	0,074
En canoa, 40 km/h	0,044
En canoa, 64 km/h	0,103
Patinar	0,082
Tocar el piano	0,038
Tocar el violonchelo	0,042
Tiro al blanco	0,030
Tiro con arco	0,075
Voleibol	0,050
TRABAJO PROFESIONAL	
Cepillar madera	0,130
Cortar madera	0,110
Carpintería general	0,056
Carpintería metálica	0,051
Conducir un camión	0,034

Tipo de actividad	Gasto energético (cal × kg × min)
Herrar caballos	0,052
Preparar una conferencia	0,025
Tareas de granja	0,056
Trabajos de sastrería:	
Cortar	0,037
Planchar	0,057
Trabajos agrícolas:	
Guiar un tractor	0,036
Plantar y cavar	0,069
Segar y arar (no mecánico)	0,098
Transportar sacos	0,083
Trabajos de la construcción:	
Albañil	0,058
Peón de albañil	0,092
Ebanista	0,056
Pavimentar carreteras	0,073
Electricista	0,055
Trabajo de laboratorio	0,035
GASTO ENERGÉTICO DE DISTINTAS ACTIVIDADES	
Mecánico	0,061
Mecanografía	0,037
Trabajos forestales:	
En un vivero	0,063
Trabajos con hacha	0,132
Poda	0,129
Trabajos en minas:	
Con la pala	0,100
Apuntalar	0,086

Por ejemplo, un hombre de 85 kg de peso que camine una hora a una velocidad de 3,6 km gastará 0,051 × × 85 × 60 = 260,1 calorías.

Si le acompaña su mujer, que pesa 75 kg, ella gastará 0,051 × 75 × 60 = 229,5, menos el 10% por ser mujer = 206,5 calorías.

Si en lugar de caminar deciden jugar al tenis, en esa misma hora el gasto calórico será:

- Hombre: 0,101 × 85 × 60 = 515,1 calorías.
- Mujer: 0,101 × 75 × 60 – 10% = 409 calorías.

Herencia genética

Hay personas que por causas hereditarias pueden presentar una tendencia a la hipertensión, la diabetes, la obesidad, el aumento del colesterol, etc.; es decir, pueden tener una predisposición genética que favorece la aparición de una o varias de estas alteraciones.

Otras personas, por el mismo motivo, carecen de esta predisposición, e incluso las hay también que heredan unos altos niveles de HDL, el colesterol bueno, que las protege de la arteriosclerosis.

Vemos, pues, que cada persona hereda una serie de características que pueden favorecer o proteger de la aparición de la arteriosclerosis y otras complicaciones, pero no cabe ninguna duda de que a cada cual le resulta factible, con unos hábitos saludables, potenciar los aspectos positivos de su herencia genética y contrarrestar los perjudiciales.

En resumen, podríamos afirmar que para evitar la arteriosclerosis hay que seguir una dieta correcta, practicar ejercicio físico de forma adecuada a las posibilidades de cada persona y además evitar todos los factores de riesgo que, como hemos visto, favorecen la arteriosclerosis, es decir, no fumar y mantener un peso adecuado. Si la persona es diabética, hipertensa o tiene el colesterol alto, deberá seguir un tratamiento adecuado para controlar bien estas alteraciones.

La siesta

Numerosos estudios han demostrado que dormir la siesta protege contra el infarto. Igual que decía que sería incapaz de escribir un libro de filosofía, de la siesta sí lo podría hacer, fundamentalmente por experiencia. Duermo la siesta todos los días que sale el sol, y cuando llueve, también, por lo que te voy a contar alguna anécdota personal sobre este tema.

Hace ya muchos años, estaba de guardia yo solo en una pequeña clínica, como internista, un domingo. A las dos de la tarde me llamó el telefonista y me dijo que había recibido un aviso de bomba y quería saber qué debía hacer. Yo le dije que avisara a la policía y al director de la clínica y me fui a comer. Terminada la comida le pregunté al telefonista que dónde le habían dicho que estaba colocada la bomba y me contestó que en la sala de máquinas, justo debajo de mi habitación. Yo le dije que bueno, que iba a dormir la siesta y que si la bomba hacía explosión me pillaría durmiendo. Pensé que era una falsa alarma, como el tiempo confirmó.

Otra anécdota. Hace dos años fui a Eurodisney con mi mujer y mis hijos. Pensaba que habría zonas amplias con césped y árboles donde podría echar una buena siesta. Mi gozo en un pozo: no había esas zonas verdes donde poder dormir un rato y cada vez que saltaba alguna pequeña valla para descansar un poco un guardia venía hacia mí y me echaba, hasta que en un despiste de los vigilantes conseguí esconderme debajo de unos árboles y abandonarme a la apetecida siestecita.

Te podría contar muchísimas más, pero esto no es un tratado de anécdotas sobre la siesta, sino un libro científico sobre el colesterol. Sin embargo, no quiero terminar sin reiterar que la siesta es muy importante. No sólo protege del infarto, sino que también ayuda a evitar que se cometan errores después de comer. En este sentido, he leído que algunas multinacionales americanas han detectado que sus directivos toman muchas más decisiones erróneas por la tarde que por la mañana, y han habilitado zonas para que después de comer puedan descansar.

Capítulo 12

El colesterol en el niño

¿Cuál es la cifra normal de colesterol en el niño?

Cada día es más frecuente que aparezcan en la consulta del médico niños a los que en una analítica les han descubierto que tienen el colesterol alto.

Relataré en forma de diálogo cómo suele transcurrir esta consulta.

Entran en la consulta una madre con su hijo:

DOCTOR (D).—Buenos días.

MADRE (M) y NIÑO (N).—Buenos días.

D.—¿Quién es el paciente?

M.—El niño.

D.—¿Qué edad tiene?

M.—Diez años.

D.—¿Qué te pasa?

N.—A mí no me pasa nada, yo estoy bien.

M.—Le hemos hecho unos análisis y tiene el colesterol alto.

D.—¿Por qué le han hecho el análisis? ¿Le pasaba algo al niño?

M.—No, el niño está bien, pero queríamos saber cómo tenía el colesterol.

D.—¿En la familia hay alguien que tenga el colesterol alto?

M.—No que sepamos. Nosotros nos hemos hecho análisis y son normales.

D.—¿Qué cifra de colesterol le han encontrado al niño?

M.— Doscientos veinte. Es muy alto, ¿no?

D.— Para un niño sí es una cifra bastante alta, pero no se preocupe que se podrá solucionar.

M.— ¿Cuál sería la cifra normal de colesterol en un niño?

D.— En los niños el colesterol debe ser inferior a 175 mg/dl.

M.— ¿Y qué debemos hacer para que le baje?

D.— Primero voy a hacerle una historia clínica detallada y una exploración física al niño. Después les daré mi opinión.

El médico hace entonces una historia clínica: cómo fue el embarazo, qué pesó al nacer, qué enfermedades ha pasado. Pregunta por síntomas de enfermedades que puedan subir el colesterol. También vuelve a insistir sobre los antecedentes familiares: padres, abuelos, hermanos, que puedan tener el colesterol alto. Después pasa a hacer una historia dietética del niño, es decir, pregunta qué come de forma habitual:

- Desayuno: leche entera con un preparado de cacao soluble. Unos días, cereales para el desayuno, y otros, magdalenas o galletas.
- Media mañana: le dan 125 pesetas para que se compre algo, y el niño se suele comprar un producto de bollería o un *snack* del tipo Kit Kat, Lion, etc.
- Comida: no toma ensalada. En su casa suelen hacer guisos, pero al niño no le gustan y come poco, después toma queso o fiambre y pan. A veces, fruta; otras veces, yogur o un postre lácteo; los domingos, helado.
- Merienda: un vaso de leche, más bollería.
- Cena: en casa insisten en que coma algo de verdura, pero el niño no quiere y se toma un sándwich o un bocadillo y un yogur. Cuando va a casa de la abuela, ésta le prepara a veces sesos de cordero porque le han dicho que son muy buenos para el cerebro.

Preguntándole al niño si toma chucherías, acepta claramente que sí. A veces ganchitos, a veces patatas chips, barritas de esas que según los anuncios tienen mucha energía, etc.

Después de anotar la historia clínica del niño, el médico pregunta a la madre sobre los hábitos alimentarios de los adultos de la casa. Necesita conocer los hábitos alimentarios de los padres.

El médico toma buena nota de todo lo que oye y después pasa a explorar al niño: peso, talla, etc.

Una vez terminada la historia clínica y la exploración le dice a la madre:

> D.—El niño tiene realmente el colesterol bastante alto para su edad. Hay que tomar una serie de medidas para que le baje, cambiarle la alimentación y, sobre todo, crearle unos buenos hábitos alimentarios.

A continuación, le explica a la madre la dieta adecuada (que ya ha sido expuesta en el capítulo 4) y cuando termina le dice:

> D.—Ésta es la alimentación que el niño debe tomar. Sé que es muy difícil de aceptar, sobre todo por los hábitos que ya tiene, pero es absolutamente necesario que vaya cambiándolos, poco a poco, pero sin pausa, pues debe saber que esto es una de las cosas más importantes que su marido y usted pueden hacer por su hijo. Está muy bien que sepa música, inglés, informática, etc., pero más importante que todo eso es que sepa alimentarse bien, más aún, hay que ir consiguiendo que esa alimentación adecuada sea la que le guste. Una buena alimentación resulta indispensable para mantener un buen estado de salud, y, puesto que ha traído al niño a la consulta, supongo que es algo que le preocupa.

Pasando al terreno personal, expondré ahora algunos consejos sobre *cómo modificar los hábitos alimentarios de un niño* y contaré algunas experiencias por sí pueden ayudar:

- Compra sólo los alimentos que sean adecuados.
- No compres bollería industrial, ni patatas chips ni golosinas.
- Compra fruta, verdura, queso, pan, jamón, carne, pescado, legumbres, aceite, etc.
- Haz el mayor número posible de comidas que puedas con tus hijos. Así te verán comer lo adecuado y poco a poco irán adquiriendo la misma costumbre.
- No te dejes chantajear por el niño. Si no quiere comer, que no coma; ya lo hará.

Te contaré una anécdota que me sucedió con mis hijos cuando tenían diez y ocho años —ahora tienen diecisiete y quince—. Una tarde llegaron del colegio y me dijeron que querían merendar, pero que en la casa no había nada. Yo les contesté que había pan, queso, jamón serrano, latas de atún, fruta, yogur y leche. «Y decís que no hay nada. ¿Qué más queréis? Desde luego, si esperáis encontrar productos de bollería, ganchitos, barras de esas que se anuncian en televisión, bolsas de patatas fritas, etc., os puedo asegurar que no hay ni las pienso comprar.» Quizá fui un poco brusco, un poco radical, pero acabaron por entenderlo perfectamente y, aunque me costó trabajo mantenerme en mis trece, lo hice porque creía y creo que es esencial para ellos adquirir buenos hábitos de alimentación. Ahora he de decir que estoy muy contento, porque compruebo que los tienen, y además les comento que cuando sean mayores lo único que deberán agradecerme será que les haya inculcado esos buenos hábitos alimentarios. Esto no quiere decir que un día no tomen chucherías, bollos o dulces, pero desde luego no los consumen de forma habitual y, además, ahora lo que les gusta son los buenos alimentos.

Reflexiones sobre la relación entre padres e hijos y la alimentación

Esto es sólo una teoría mía desarrollada a través de la experiencia. Quizá no sea científicamente demostrable, pero sucede así en muchas ocasiones.

Transcurridos los primeros meses del período de lactancia, o antes si lo indica el pediatra, la madre comienza a suplementar el pecho que da al bebé con biberones, papillas de cereales y otros alimentos.

En muchos casos, si descartamos a los que tienen mucho apetito, a los niños les cuesta acostumbrarse a los nuevos sabores. Cuando tienen un año, si han comido poco, empezamos a jugar con ellos para que coman. Una cucharadita por la abuelita, otra por su hermano, e insistimos para que coman más haciendo toda clase de payasadas (yo también las he hecho). A los tres o cuatro años, si no quieren un plato, se lo cambiamos por otro con tal de que coman. Poco a poco, ellos, que son muy listos, se van dando cuenta de que a través de la comida pueden controlar más o menos a los padres, pues hay incluso quienes les ofrecen premios, siempre con tal de que coman.

Así es que los niños, cuando quieren conseguir algo, dicen que no tienen ganas de comer, que no les gusta, que les duele la barriga, etc., y los padres vamos cayendo poco a poco en sus redes y dejándonos controlar.

He vivido anécdotas que reflejan la situación expuesta anteriormente. Quizá conozcas también alguna. En una ocasión, una amiga de mi hija que estaba en casa riendo y comiendo con apetito retiró el plato y se puso seria. La observé porque no entendía su cambio de actitud, y es que en ese momento entraba su madre en el comedor y ella ya la había visto. Después, hablando con la madre, me explicó que efectivamente la niña comía muy poco, sólo lo que quería, y que la controlaba totalmente a través de la comida. Por eso, su reacción en cuanto vio a la madre fue separar de sí el plato de comida.

Creo que los padres debemos tomar muy en serio la alimentación de nuestros hijos, y eso significa que no deben comer sólo lo que quieran. Algunos estudios demuestran que, si los dejamos, comen muy mal, debido sobre todo a la presión publicitaria que les induce a seguir una dieta basada en dulces, golosinas, productos manufacturados, etc.

Tomarnos en serio la alimentación de nuestros hijos quiere decir que, igual que nos ocupamos de que estudien, estén bien educados y tengan buenos modales, debemos dedicar tiempo a enseñarles cómo elegir la alimentación adecuada.

Si comen poco es también importante que no se den cuenta de que estamos preocupados. Eso no quiere decir que no les hagamos caso, todo lo contrario, pero, en vez de estar encima de ellos para que coman, hay que vigilarlos a distancia, observarlos y enseñarles poco a poco.

Por otro lado, los hábitos alimentarios adquiridos en la infancia son los que van a persistir en ellos a lo largo de toda la vida; por eso es tan importante que sean los adecuados. Contaré una anécdota más.

Una amiga mía que ha vivido en Londres y ahora reside en París ha pedido a sus amistades de España que cuando vayan a visitarla le lleven el preparado de cacao soluble que ella tomaba de niña, pues no lo encuentra en el comercio de su ciudad. Creo que refleja hasta qué punto esos hábitos que adquirimos de niños en lo que respecta a la alimentación quedan grabados en la memoria.

Yo hace ya veinticuatro años que terminé la carrera y estoy viendo ahora pacientes obesos que hace quince o diecisiete años habían consultado, de niños, porque estaban delgados, y, aunque les dije a los padres que no se preocuparan y que intentaran crearles buenos hábitos alimentarios, cedieron al chantaje de darles sólo los alimentos que más les gustaban. Hoy son obesos y sus hábitos son inadecuados. Sin más comentarios.

Una precaución: enséñale a tu hijo algo de nutrición, pero evita convertirlo en un neurótico o en un hipocondríaco.

Explicando todo esto, me olvidaba de que estaba contando la historia de un niño que consultaba con su madre por un problema de colesterol alto. Regreso al caso.

Variantes de una historia

La madre toma nota de los consejos que el médico le ha dado. El doctor insiste con el niño y trata de convencerle para que colabore. Ambos dicen que van a intentarlo. Antes de irse queda concertada una cita para seis meses después, con un nuevo análisis de colesterol.

Seis meses después vuelve el niño con sus padres. Están muy contentos: les ha costado trabajo a todos, pero el niño ha mejorado considerablemente sus hábitos alimentarios, y el análisis indica un colesterol de 170 mg/dl. El médico les recomienda que continúen mejorando los hábitos de alimentación, que no bajen la guardia; no es preciso repetir la analítica, pues queda claro que el colesterol alto se debía a una alimentación inadecuada.

También podría haber sucedido que el niño no hubiera mejorado mucho sus hábitos, que el colesterol le hubiese bajado un poco, pero todavía no fuera normal. Lo adecuado entonces habría sido volver a hablar con los padres y el niño, recomendándoles paciencia, animándoles, diciéndoles que algo se había corregido y que poco a poco se iría corrigiendo más. Se les volverían a explicar otra vez los hábitos correctos y se les citaría de nuevo a los seis meses.

Caso distinto sería el de unos padres que llevan a su hijo a la consulta porque al realizarle un análisis le encuentran un colesterol de, por ejemplo, 290 mg/dl, pero, al hacerle la historia clínica, el padre cuenta que él ya tenía el colesterol alto a los veinte años. Además, el niño tiene una dieta correcta. El paciente sufriría una hipercolesterolemia familiar heterozigota, ya descrita con detalle en otro capítulo. Habría que ponerle en tratamiento con medicinas.

La última variación de la historia podría ser la de unos padres que llegan a la consulta con su hijo porque el niño no se encuentra bien. Le han hecho unos análisis y tiene el colesterol en 260 mg/dl. Con la historia clínica queda claro que sigue una alimentación adecuada, y que el niño se encuentra cansado, con más sueño de lo habitual. En este caso lo que hay que averiguar es si el aumento de colesterol es debido a otra enfermedad, como el hipotiroidismo o el síndrome nefrótico. El médico pide unos análisis y descubre que el niño tiene un hipotiroidismo. Se le pone el tratamiento adecuado con tiroxina, que hace desaparecer el cansancio y el sueño y normaliza las cifras de colesterol, con la consiguiente alegría para todos.

Medidas que deberían tomarse para favorecer los buenos hábitos alimentarios

Si yo tuviera influencia, que no la tengo, tomaría las siguientes medidas para favorecer la adopción de buenos hábitos alimentarios:

1) Bajaría el IVA a los alimentos más saludables: fruta, verdura, legumbres, etc.
2) Aumentaría el IVA a los alimentos menos saludables: bollería industrial, patatas chips, *snacks*.
3) Los alimentos menos saludables llevarían obligatoriamente una etiqueta que pusiera: «El consumo

excesivo de este alimento puede ser perjudicial para su salud. Los expertos recomiendan tomarlo como máximo alguna vez al mes».
4) Prohibiría absolutamente la publicidad engañosa.
5) Promocionaría con publicidad los alimentos más saludables: fruta, verdura, legumbres, etc.

No soy publicitario, pero me interesa mucho la nutrición y creo que la publicidad debería estimular el que los niños consumieran alimentos saludables. A un niño no vale decirle que coma tal o cual alimento porque es muy bueno para la salud. A ellos no les preocupa la salud, puesto que generalmente gozan de ella. La salud nos preocupa a las personas de más de cuarenta años porque nos da miedo perderla.

Si queremos que un niño de seis o siete años compre un alimento saludable, habrá que ofrecerle algo que a esa edad le interese a él. Por ejemplo, un cromo de un personaje famoso, si compra un kilogramo de fruta o verdura. A los de entre ocho y doce años se les podría dar por la compra de ciertos productos puntos para camisetas, gorras, etc., con los famosos del momento. Los de entre trece y dieciséis años lo que quieren es estar guapos y resultar atractivos, y eso es lo que hay que resaltar al anunciar estos alimentos.

De los diecisiete a los treinta y cinco años quieren tener un cuerpo esbelto, y hay que decirles que esos alimentos saludables les ayudarán a conseguirlo.

A partir de los treinta y cinco o cuarenta años hay que resaltar que son muy buenos para la salud y que tendríamos menos enfermedades si los tomáramos de manera habitual.

Probablemente, si un publicista lee estas ideas pensará que estoy equivocado, pero yo las expongo porque creo en ellas.

Capítulo 13

El colesterol en las personas mayores de sesenta y cinco años

Con la edad es normal que aumente un poco el colesterol. Esta subida alcanza un máximo entre los cincuenta y sesenta años en el varón y entre los sesenta y los setenta en la mujer. A partir de ese momento disminuye un poco.

Es importante conocer esta circunstancia porque si una persona tiene a los sesenta años el colesterol normal y luego, a los sesenta y cinco o setenta, lo tiene alto, lo primero que debemos hacer es descartar enfermedades que puedan incrementar el colesterol de forma secundaria, como, por ejemplo, el hipotiroidismo. También hay que averiguar si esa persona está tomando alguna medicación que pueda influir sobre el colesterol.

En cualquier caso, la pregunta es: ¿resulta indicado tratar con medicamentos a personas mayores de sesenta y cinco años que tengan alto el colesterol?

Veamos cómo actuar ante tres situaciones distintas:

1) Persona mayor de sesenta y cinco años que a los cincuenta y cinco se le diagnosticó un aumento de colesterol, y que, tras una valoración individualizada, se consideró que debía tomar medicación para disminuirlo. Esta persona, si no se han producido cambios importantes en los factores de riesgo que determinaron el tratamiento, debería continuar de manera indefinida, es decir, durante el resto de su vida, con el tratamiento prescrito para normalizar el colesterol y además controlar los restantes factores de riesgo que puedan afectar a sus vasos sanguíneos.

2) Persona mayor de sesenta años que en las analíticas de rutina, que se hace anualmente, presenta el colesterol normal, pero que se acaba de hacer una en la que lo tiene alto. Lo primero que habría que hacer es repetirla para comprobar que no se trata de un error y, una vez confirmado, lo que procede es descartar enfermedades como el hipotiroidismo o la toma de fármacos que puedan aumentar el colesterol. Si el paciente no sufre ninguna enfermedad ni toma medicinas con esos efectos, lo correcto será hacer una valoración individual y global de su riesgo cardiovascular y, si se considera preciso, ponerle un tratamiento como si fuera más joven.

3) Persona mayor de sesenta y cinco años que no se ha hecho nunca un análisis de colesterol y ahora descubre que lo tiene alto; por tanto, no sabemos si esta persona tenía el colesterol elevado a los cincuenta y cinco años o no. Los pasos a seguir por el médico serían: descartar enfermedades o fármacos que esté tomando y que puedan aumentar el colesterol. Una vez descartada esta posibilidad, hacer una valoración individual y global del paciente y decidir si precisa tratamiento, independientemente de su edad.

En resumen, yo a las personas mayores de sesenta y cinco años con colesterol elevado, aunque no hayan tenido ningún problema cardiovascular, les pondría tratamiento, porque, como ya hemos explicado, hay fármacos, las estatinas, que no sólo disminuyen el colesterol, sino que también estabilizan la placa de ateroma, y es normal que a esa edad, aunque el colesterol no haya alcanzado niveles elevados, se tengan placas de ateroma. Hay que dejar claro también que probablemente a esas edades sean más importantes otros factores de riesgo, como la hipertensión. Es decir, que resulta fundamental controlar la tensión arterial y los restantes factores de riesgo cardiovascular. Si, además, esa persona mayor de sesenta y cinco años ya ha tenido un infarto o una trombosis cerebral, es una razón suficiente para intentar tratar todos los factores de riesgo, el colesterol alto y la hipertensión, como si fuera más joven.

En algún estudio se ha visto que, en personas mayores de ochenta años, las cifras de colesterol, triglicéridos y HDL no son diferentes entre quienes han sufrido un infarto o una trombosis cerebral y quienes no lo han padecido. Esto puede indicar que quizá otros factores, sobre todo la hipertensión arterial, jueguen un papel más importante que el colesterol en el deterioro de los vasos sanguíneos.

Por eso insistía yo anteriormente en que se debe controlar no sólo el colesterol, sino también la hipertensión arterial, y si se eleva el colesterol, administrar fármacos como las estatinas, que estabilizan la placa y disminuyen el colesterol de dentro de la célula.

Un dato más a favor del tratamiento con estatinas de la hipercolesterolemia en personas mayores de sesenta y cinco años nos viene dado por la reciente publicación (noviembre de 2000) de un estudio donde se ha observado que las personas que toman estatinas tienen un riesgo menor —hasta el 70% menos— de padecer demencia, en relación con los que no toman estatina. Se necesitan ensayos clínicos que confirmen esta observación.

Capítulo 14

Anticoncepción, embarazo y menopausia

Anticoncepción

Existen distintos métodos anticonceptivos:

- De barrera: el preservativo para el varón y el diafragma para la mujer.
- Dispositivo intrauterino, conocido también como DIU.
- Método quirúrgico: ligadura de trompas.
- Anticonceptivos orales.

Nos ocuparemos exclusivamente de estos últimos, pues son los que pueden alterar los lípidos en la sangre.

Los que ahora se usan con más frecuencia suelen llevar dos sustancias químicas asociadas, que son muy similares a las que produce el ovario a lo largo del ciclo menstrual. Lo que sucede es que, cuando la mujer los toma en comprimidos, el ovario permanece en reposo, no se produce la ovulación y, por tanto, la mujer no se puede quedar embarazada.

He aquí un ejemplo de cómo funcionan los anticonceptivos.

Imagina una habitación con una estufa y un termostato. Cuando baja la temperatura se activa el termostato que pone en funcionamiento la estufa para que produzca calor y aumente la temperatura de la habitación hasta los grados previamente seleccionados.

Si se mete en la habitación otra fuente de calor que mantiene la temperatura por encima de la que se ha seleccionado en el termostato, la estufa permanecerá en reposo sin funcionar.

El ovario de una mujer sería comparable a la estufa. Produce una serie de hormonas a lo largo del ciclo menstrual y tiene también un termostato que le indica la cantidad de hormonas que precisa el organismo de la mujer para tener los ciclos normales y con ovulación.

Si una mujer toma las hormonas que produce el ovario en una cantidad un poco superior a la que él produce, se desconecta el termostato y el ovario no funciona, queda en reposo y no se produce la ovulación.

Hemos afirmado un poco antes que los anticonceptivos más usados hoy día llevan dos sustancias químicas. Una de ellas son los estrógenos, que, aunque actualmente se usan a dosis muy bajas, pueden tener una serie de efectos negativos sobre la circulación. Pueden aumentar la tensión arterial, la tendencia de las plaquetas a juntarse, los factores de la coagulación y los triglicéridos. Todas estas alteraciones hacen que el riesgo de trombosis sea mayor.

A la otra sustancia que llevan los anticonceptivos se le llama gestágenos. Los últimos que han salido al mercado son los de tercera generación. Tienen como efecto indeseable que pueden aumentar levemente las necesidades de insulina, por lo que el páncreas tendrá que segregar más cantidad de esta hormona, y, como efecto beneficioso, que aumentan las HDL, el colesterol bueno.

Si una mujer tiene el colesterol y/o los triglicéridos altos, debe saber que los anticonceptivos orales le pueden aumentar los triglicéridos y otros factores de riesgo cardiovascular, por lo que antes de prescribirlos hay que hacer una valoración individualizada del riesgo cardiovascular, informar a la mujer de su situación y después decidir. Si además de la alteración lipídica la mujer es hipertensa, o diabética, o fumadora, u obesa, habría que recomendarle otro metodo anticonceptivo.

Embarazo

Cuando una mujer queda embarazada, su cuerpo experimenta diversos cambios fisiológicos, entre los que cabe citar el aumento de los estrógenos. Esta variación hace que, a partir de la undécima semana de gestación, aumenten el colesterol y los triglicéridos. Cualquier mujer que antes de quedar embarazada tuviera una analítica normal experimentará un aumento progresivo de los valores de colesterol y triglicéridos, sobre todo durante el tercer trimestre del embarazo. Entre dos y seis semanas después del parto, sus cifras volverán a la normalidad.

Si la mujer ya tenía el colesterol alto antes del embarazo, la gestación no le producirá cambios. Si los triglicéridos también estaban altos, subirán más durante el embarazo, pero, dada su situación, en lugar de medicamentos le ofreceremos consejos dietéticos.

Durante el embarazo no se deben administrar fármacos para disminuir el colesterol.

Menopausia

Cuando los ovarios dejan de hacer su función, los estrógenos, la hormona que producen, experimentan un notable descenso en la sangre y, como consecuencia de ello, suele aumentar el colesterol. Si a una mujer, coincidiendo con la menopausia, le aumenta el colesterol, deberá someterse a una valoración de su riesgo cardiovascular como cualquier otra persona y, en función de los resultados, decidir si precisa o no tratamiento con medicamentos para que su nivel de colesterol descienda a valores aceptables.

Si la mujer, informada por su médico, quiere hacer tratamiento hormonal sustitutivo y con él normaliza sus cifras de colesterol, no precisará más medicación.

Si, por el contrario, no quiere someterse a un tratamiento hormonal sustitutorio y precisa medicación para controlar el colesterol, lo indicado sería administrarle estatinas.

Estudios muy recientes pendientes de confirmación parecen indicar que las estatinas favorecen la formación ósea y, por tanto, disminuyen el riesgo de fractura de cadera. Si estos datos se confirman, las estatinas no sólo reducirían el riesgo cardiovascular en la mujer menopáusica, sino también el de fracturas óseas, con lo cual se resolverían los dos problemas más importantes que a largo plazo pueden afectar a la mujer cuando alcanza la menopausia.

Capítulo 15

El alcohol: su influencia sobre el colesterol y los triglicéridos

Cuando una persona toma una bebida alcohólica, el alcohol pasa rápidamente a la sangre, sobre todo si el estómago está vacío. El 80% del alcohol que ya está en la sangre va al hígado, donde es metabolizado, transformado en otras sustancias. La velocidad a la que el hígado puede transformar el alcohol en otras sustancias es independiente de la cantidad que circule por la sangre. Elimina una cantidad constante por hora, y si se ha tomado más de esa cantidad, el alcohol se acumula en la sangre y tiene efectos nocivos para el cerebro.

El 20% restante del alcohol que no se transforma en el hígado va al cerebro y a otros tejidos.

Aunque existen diferencias individuales, en general se puede decir que la cantidad de alcohol que el hígado es capaz de transformar diariamente en otras sustancias es de 24 gramos en el hombre y de 16 gramos en la mujer.

Para calcular la cantidad de gramos de alcohol que tiene una bebida alcohólica se utiliza la siguiente fórmula:

Alcohol en gramos = graduación × 0,789 × cantidad en centímetros cúbicos / 100

Por ejemplo: si queremos conocer la cantidad de alcohol de 1.000 centímetros cúbicos (un litro) de cerveza con una graduación alcohólica de 5 grados, sería:

5 × 0,789 × 1.000 / 100 = 39,45 gramos de alcohol

Otro ejemplo: ¿Cuántos gramos de alcohol tienen 300 centímetros cúbicos de vino de 12 grados?

Gramos de alcohol = 12 × 0,789 × 300 / 100 =
= 28,4 gramos de alcohol

Calorías

Al ser quemado por las células del organismo, cada gramo de alcohol produce siete calorías, es decir, casi el doble que los hidratos de carbono o las proteínas.

Por tanto, el litro de cerveza del ejemplo anterior, que tenía 39,45 gramos de alcohol, aportará 39,45 × 7 = = 276 calorías. Además habría que añadir las calorías correspondientes a los hidratos de carbono que hay en la cerveza.

Los 300 centímetros cúbicos de vino de 12 grados, que tenían 28,4 gramos de alcohol, aportarán al organismo 28,4 × 7 = 199 calorías.

La pregunta del millón: ¿es bueno para la salud tomar vino o cerveza?

Estudios de larga duración —se ha seguido a muchísimas personas durante muchos años— han demostrado que, en adultos, no en adolescentes, sin ninguna otra enfermedad, un consumo moderado de dos copas de vino al día, unos 225 centímetros cúbicos en total, o dos cañas de cerveza, unos 400 o 500 centímetros cúbicos en total, pueden ser beneficiosos para la salud. Exceder esta cantidad resulta muy perjudicial para la salud y aumenta la mortalidad tanto por motivos cardiovasculares como por otras causas.

Cuando se dice que el consumo moderado de vino o cerveza puede ser beneficioso, la idea que llega a la gente es que el vino y la cerveza son buenos, y aumentan la ingesta de manera importante. Por tanto, estos mensajes hay que lanzarlos con mucho cuidado, indicando claramente que el alcohol es, en principio, un tóxico para el organismo.

Desde luego, lo que desde mi punto de vista resulta disparatado es el mensaje de algunas campañas, en las que se llega a decir que tomar un litro de cerveza al día es bueno para la salud.

En total, un litro de cerveza aporta, además de una cantidad de alcohol superior a la transformable en un día por el hígado, entre 350 y 400 calorías, y si una persona le añade a su dieta —con la que mantiene el peso adecuado— un litro de cerveza diario, ganará 1,5 kilogramos al mes, salvo que disminuya las calorías de los otros alimentos que tomaba, lo cual creo que sería un error.

Dicen algunos que la cerveza es muy buena porque tiene fibras solubles y antioxidantes, pero en mi opinión sería preferible tomar fruta, que también aporta fibra y antioxidantes.

Otro tipo de bebidas alcohólicas —ginebra, ron, whisky—, son todavía más perjudiciales para la salud, pues aportan sólo alcohol, sin ninguna otra sustancia que pueda ser beneficiosa para el organismo.

Si una persona de peso normal y colesterol alto tiene costumbre de tomar diariamente una o dos copas de vino o cañas de cerveza, puede seguir haciéndolo, siempre y cuando no padezca otra enfermedad por la cual deba abstenerse de alcohol.

Si esa misma persona que bebe habitualmente vino, cerveza o cualquier otra bebida alcohólica, tiene el colesterol normal y los triglicéridos altos, deberá dejar de tomar alcohol y repetirse los análisis quince días después. Si los triglicéridos le han disminuido o se le han normalizado, deberá seguir sin beber alcohol. Si la cifra de triglicéridos es igual a la que tenía en el primer análisis, cosa bastante improbable, podrá seguir bebiendo, pues quiere decir que esa copa de vino o caña de cerveza no estaba influyendo en la cifra de triglicéridos.

Las personas de peso normal con colesterol y triglicéridos altos pueden seguir las mismas recomendaciones que las personas de peso normal que sólo tenían los triglicéridos altos.

Las personas obesas con colesterol alto, en principio, sólo por ser obesas, no deberían tomar alcohol, puesto que cada gramo tiene siete calorías. Podrían ingerir una o dos copas de vino o una o dos cañas, pero a condición de andar cuarenta y cinco minutos más al día, para gastar esas calorías extras que han tomado con la bebida.

Una persona obesa con triglicéridos altos no debe tomar alcohol.

Una persona obesa con colesterol y triglicéridos altos no debe tomar alcohol.

Recetas de cocina para personas con alteraciones del colesterol y/o los triglicéridos

Dieta básica para personas de peso normal con colesterol alto, triglicéridos altos o ambas cosas

Desayuno (a elegir entre las siguientes opciones)

- Un vaso de leche desnatada (200 cc) y una tostada de pan con aceite de oliva.
- 2 yogures desnatados y una tostada de pan con aceite de oliva.
- 2 yogures desnatados, una pieza de fruta y una tostada de pan.
- Queso fresco desnatado, pan y una pieza de fruta.
- Leche modificada, una tostada de pan y una fruta.

Con cualquiera de los desayunos propuestos se puede tomar café, té u otras infusiones.

A media mañana

- Si la persona realiza una actividad física poco intensa tomará una pieza de fruta.
- Si la persona realiza una actividad física moderada o fuerte puede tomar un bocadillo de queso fresco descremado, de jamón serrano magro o de atún.
- **Para las personas obesas que tengan el colesterol alto, los triglicéridos altos o ambas cosas,** las opciones de desayuno serán más ligeros y con muy pocas grasas para que vayan perdiendo peso:

- Un vaso de leche descremada (200 cc) y una o dos piezas de fruta.
- 2 yogures desnatados y una o dos piezas de fruta.
- 40 g de pan blanco o integral con 30 g de queso fresco desnatado y una pieza de fruta.

Con cualquiera de los desayunos propuestos se puede tomar café, té u otras infusiones.

Comidas

Constarán básicamente de ensalada, plato de guiso, arroz o asado, pan y fruta.

Este menú es válido para todas las personas. Las que sean obesas tomarán menos cantidad de guiso y de pan para ir perdiendo peso poco a poco. También es válido para las personas que tengan el colesterol alto, los triglicéridos altos o ambas cosas.

– *Ensalada:* puedes hacerte una ensalada con las verduras que quieras y aliñarla con aceite de oliva, vinagre, un poco de sal y cualquier otra especia que te guste. Algunas ensaladas:
  - Tomate, lechuga, aceite de oliva y sal.
  - Tomate, lechuga, zanahorias, granos de maíz, aceite de oliva y sal.
  - Tomate, pepino, orégano, aceite de oliva y sal.
  - Tomate, atún, clara de huevo, aceite de oliva, unas gotas de limón y sal (los obesos evitarán tomar el atún).
  - Tomate, lechuga, aceitunas, aceite de oliva y sal.
  - Ensalada de verduras asadas (berenjenas, pimiento, tomate, ajo, aceite de oliva y sal).

En vez de ensalada podemos tomar verdura a la plancha: espárragos, berenjenas, calabacín, setas, etc.

– *Guisos, asados, pasta o arroces:* las recetas que ofrezco en páginas siguientes son de platos tradicionales murcianos, un tipo de cocina recomendable para las personas que tienen el colesterol y o los triglicéridos altos.

Postres

Una o dos piezas de fruta.

Una vez tomadas la ensalada y el plato de guiso completaremos la comida con una o dos piezas de fruta como postre.

Merienda (a elegir entre las siguientes opciones)

- Una pieza de fruta.
- Un yogur desnatado.
- Un vaso de zumo de frutas naturales.

Cenas

Constarán básicamente de una entrada a base de verduras, un hervido o un consomé, seguido de una carne o un pescado a la plancha, o bien un huevo pasado por agua o en tortilla, pan y fruta.

En todo caso procura que la cena contenga alimentos con hidratos de carbono de absorción lenta como los que se encuentran en las verduras o el pan, una moderada cantidad de proteínas y pocas grasas.

Por ejemplo:

- Un hervido de patatas y judías verdes y una carne (pechuga de pollo, filete de ternera, solomillo de cerdo) o pescado (sardinas, salmón, merluza) a la plancha; pan y fruta.
- Menestra de verdura y una carne o pescado a la plancha; pan y fruta.
- Consomé hecho en casa, tortilla de un huevo, pan y fruta.
- Sopa de pollo o pescado, jamón serrano magro, pan y fruta.

– Un sándwich vegetal hecho con 2 rebanadas de pan de molde, tomate, lechuga, cebolla, atún y clara de huevo; dos yogures naturales desnatados y fruta.

Recetas

Éstas recetas son de mi madre, que como casi todas las madres es maravillosa y una excelente cocinera —y no es pasión de hijo—. Sus conocimientos sobre alimentación son amplios y sus hábitos alimenticios muy buenos. Todavía recuerdo cuando estudiaba cuarto y quinto de medicina en Murcia. Por aquella epoca mi familia vivía en Cartagena. Cada vez que por alguna molestia digestiva no me encontraba bien, la llamaba y ella me decía lo que tenía que comer. Sus indicaciones siempre me dieron buen resultado.

Con motivo de su aniversario —mi madre cumplió ochenta años el 24 de noviembre de 1999, el mismo día que yo cumplí 46—, organizamos una fiesta y pedimos a sus nietos —tiene dieciséis— que escribieran algo sobre su abuela. Cada uno de ellos destacó lo que más le gustaba de su abuela, pero todos coincidieron en una opinión. Donde se come bien de verdad es en casa de la abuela. Esos guisos, esas verduras, esos pescados fritos, etc., no en balde todos los fines de semana mi madre reúne en torno de su mesa a entre diez y quince personas y, si es verano, en su casa de Mazarrón, la media se sitúa en las veinte personas. Y la comida siempre la prepara ella.

Estas recetas son para 6 personas.

Ensalada de tomate en conserva

3 botes de tomates de pera en conserva
Una cebolla tierna
Un poco de bacalao asado
3 o 4 sardinas de bota
Aceitunas negras pequeñas

Se quita el caldo de los tomates y se cortan en trozos. Se pica la cebolla y se desmenuzan el bacalao y las sardinas. Se añaden unas aceitunas negras y se aliña con aceite de oliva y sal al gusto.

Ensalada de bote

3 cebollas
Un bote de tomate de 1 kg
Bacalao asado
Aceite de oliva
Aceitunas negras
Sal al gusto

Se asan las cebollas y se pican, se escurren los tomates y se trocean, se desmiga el bacalao, se mezcla todo, se añaden las aceitunas y se aliña al gusto.

Consomé ligero

1 pollo
Ajo
Perejil
Sal
Azafrán

Se hierve un pollo. Al caldo resultante se le quita bien la grasa que flota y se le añade un poco de ajo, un poco de perejil, azafrán de pelo y sal al gusto, se da un hervor y se puede servir como consomé.

Sopa de pollo

Un pollo, si es campero mejor,
de 1,5 kg o 2 kg, sin piel

Un tallo de apio pequeño
3 o 4 ajos
Azafrán de pelo
Cominos
Perejil
Fideos

Se limpia el pollo, se corta en cuatro cuartos y se pone a hervir con el apio, los ajos, el azafrán de pelo, los cominos, triturados o no, y el perejil durante una hora. Cuando la carne esté tierna, se cuela el caldo y se hace la sopa añadiendo los fideos y algunos trozos de pollo finamente picados.

Sopa de mariscos

250 g de emperador (si es de aijada mejor, sale más sabroso y es más económico)
1 kg de mejillones
350 g de almejas
350 g de gambas
Un pimiento morrón
2 cebollas medianas
3 tomates triturados grandes o 4 medianos
Ajo picado
Cominos
Azafrán de pelo
Sal

Se hace un sofrito con el pimiento morrón (redondo), las cebollas ralladas y los tomates triturados, que se añade al resto de los ingredientes.

Se deja hervir media hora, se añaden el ajo picado, los cominos, unos pelos de azafrán y la sal, se deja unos minutos más y ya está listo para servir.

Fideos con almejas

1 kg de almejas grandes
1 o 2 cebollas trituradas
1 pimiento rojo hecho 4 trozos
2 o 3 tomates triturados
300 g de fideos
Sal
Cominos
Azafrán

Se hace un sofrito con la cebolla, el tomate y el pimiento. Se hierven las almejas hasta que abran. Con el sofrito y las almejas se hace un caldo y se le añade sal, cominos y azafrán de pelo. Cuando esté se añaden los fideos.

Menestra de verduras

Una zanahoria
500 g o más de guisantes naturales para pelar
2 cebollas duras cortadas en juliana
2 o 3 tomates
6 u 8 alcachofas
350 g de judías verdes
Ajos partidos
La clara de 3 huevos duros

Se limpian las alcachofas y se frotan con limón para que no se pongan negras. Se prepara el resto de las verduras y se ponen a cocer cubiertas de agua hasta que estén tiernas. Antes de servirlas, se le incorporan las claras de los huevos duros cortadas y se adereza con aceite y sal.

Olla gitana

500 g de garbanzos
350 g de judías planas anchas

500 g de calabaza
6 cebollas pequeñas
6 patatas pequeñas
2 o 3 peras pequeñas que estén duras
100 g de macarrones
Aceite de oliva
Un pimiento verde pequeño
Tomate rallado
Cominos
Ajos
Azafrán

Se ponen a hervir en agua los garbanzos que previamente habrán estado a remojo desde la noche anterior, y pasados 20 minutos se añaden las judías verdes planas, la calabaza, cortada en varios trozos, las cebollas y las peras.

Al tiempo, en una sartén con aceite de oliva se hace un sofrito con el pimiento verde, una de las cebollas y un poco de tomate rallado.

Cuando los garbanzos estén casi tiernos se añade el sofrito, las patatas y los macarrones, que espesan el caldo y le dan buen sabor al guiso. Se especia con cominos, ajos, azafrán y un poco de sal, y se deja que siga hirviendo hasta que las patatas y los macarrones estén a punto.

Habichuelas con acelgas

500 g de habichuelas secas previamente
puestas en remojo
Un manojo de acelgas
1 patata
1 o 2 cebollas partidas finas
5 ñoras

Un manojo de ajos tiernos (si es temporada)
1 cucharadita de pimentón molido dulce
Aceite de oliva
Sal
Cominos
Colorante

Se ponen a cocer las habichuelas. Cuando estén casi cocidas se agregan un manojo de acelgas que previamente se habrán lavado, troceado y cocido aparte porque el caldo de la acelga amarga y es fuerte. Cuando la acelgas y las habichuelas estén bien guisadas se agrega la patata.

Se hace un sofrito con una o dos cebollas partidas finas, las ñoras y, si es el tiempo, se le fríe un manojo de ajos tiernos. Una vez apartada la sartén del fuego para que no se tueste, se añade una cucharadita de pimentón molido dulce, la sal, los cominos y un poco de colorante.

Potaje de garbanzos de invierno

500 g de garbanzos
250 g de judías verdes
1 alcachofa para cada persona
500 g de guisantes pelados
100 g de bacalao
2 ñoras
1 cebolla
1 patata pequeña por persona
1 cucharadita de pimentón molido
Ajos
Cominos
Colorante

Los garbanzos, previamente remojados en agua desde el día anterior, se ponen a hervir sólo con agua. Pasada media hora o tres cuartos, se añaden las judías verdes, las alcachofas, bien peladas, los guisantes pelados y un trozo de bacalao que habrá estado en remojo con los garbanzos.

Se hace un sofrito con las ñoras, la cebolla, el tomate y una cucharadita de pimentón molido, que se añadirá al final. Se especia con comino y colorante. Antes de que termine de hervir se puede añadir una patata pequeña para cada persona.

Arroz con verduras

400 g de arroz.
250 g de judías redondas y finas
4 alcachofas grandes
Un pimiento rojo grande
Un manojo de ajos tiernos
Un trozo de coliflor
Una patata grande cortada en dados
3 tomates grandes o 4 pequeños
Aceite de oliva
Colorante

Se ponen a cocer de forma separada las judías verdes y un trozo de coliflor. Cuando estén casi hechas, se reservan, se tira el agua de la coliflor y se guarda la de las judías verdes.

Se limpian y trocean los ajos tiernos y las alcachofas y se ponen a freír en la paella con el aceite de oliva, junto con el pimiento rojo cortado en tiras y la patata.

Fritas las verduras, se reservan en una fuente y en ese mismo aceite se fríen los tomates. Cuando estén bien fritos, se echa el arroz, se rehoga con el tomate y se añaden el colorante, las verduras y el caldo de haber hervido las judías. Pasados 15 o 20 minutos el arroz estará listo.

Arroz con atún

400 g de arroz
1 kg de atún
Unas cabezas o raspas de pescado
1 pimiento rojo grande o 2 si son pequeños
3 tomates grandes
Aceite
Ajos

Se hace un caldo con las cabezas y las raspas del pescado y se cuela. El atún, cortado a dados, se sofríe y se reserva en una fuente. Se sofríe el pimiento rojo y se aparta. En ese mismo aceite se fríen unos ajos y el tomate picado. Una vez frito el tomate se añade el arroz, se le da una vuelta, se añade el atún y se echa el caldo que estará hirviendo. Se decora con las tiras de pimiento y se deja que hierva de 15 a 20 minutos.

Caldero

(Para 8 personas)
2 kg de pescado de caldo o pescado de roca
8 ñoras por persona
2 cabezas de ajo
750 kg de arroz

Se sofríe una ñora y tres dientes de ajo por persona. Se trituran y se echan en suficiente agua para hacer el caldo del arroz. Cuando haya hervido 20 minutos, se le añade el pescado limpio y se hierve otros 20 minutos. En el aceite donde se han frito las ñoras se sofríe el arroz. El caldo del pescado, las ñoras y los ajos se pasan por un colador y cuando esté hirviendo se le añade al arroz previamente sofrito.

Asado de pollo

Un pollo de 1,5 kg a 2 kg, sin piel
Unos trozos de patata
2 limones
Sal
Ajos
Perejil
Vino blanco o rosado

Se coloca el pollo, partido en cuartos y sin piel, las patatas, los ajos y el perejil en una bandeja de horno. Se rocía con un poco de limón, un chorrito de aceite de oliva, un vaso de vino y sal, y se mete al horno previamente calentado a 180 grados. Cuando esté dorado se puede comer.

Asado de pescado

Una merluza de 1 kg o 1,5 kg
Unas patatas cortadas en trozos
Una cebolla grande
Un tomate grande
Caldo de pescado
Ajo
Perejil
Piñones

Se hierve la patata en un poco de caldo de pescado, durante 3 o 4 minutos. Se asa la cebolla y el tomate con una gota de aceite, sal y unos ajos partidos. Cuando la cebolla esté tierna se corta en rodajas y se pone de fondo en una rustidera.

Se coloca la merluza, previamente rellena con ajos cortados, perejil, sal y limón, sobre la cebolla y a su alrededor las patatas, que estarán un poquito blandas después de haber hervido. Se rocía con aceite, vino blanco, limón y perejil y se mete al horno 15 o 20 minutos.

Patatas y pescado

2 cebollas
1 tomate
1 pimiento morrón
3 patatas cortadas en trozos
1 kg de lecha, bonito, dorada o cualquier otro pescado cortado en rodajas
Sal
Cominos
Aceite de oliva
Colorante
Azafrán de pelo

En una olla se ponen a hervir las cebollas, cortadas en 4 cascos, los tomates y el pimiento morrón. Todo se pone en crudo. Cuando lleve hirviendo una media hora se añaden las patatas y el pescado, que puede ser de cualquier clase, en rodajas. Se especia con sal, cominos, un chorro de aceite de oliva y se deja que hierva lentamente otra media hora. Antes de servir se añade un poco de colorante o azafrán de pelo.

Pescadilla con habas o pimientos fritos

1 kg de pescadillas o cualquier otro pescado
Harina
1 kg de habas o pimientos

Se reboza el pescado en un poquito de harina, muy poca, para que no se rompa al freírlo. Una vez frito, en ese mismo aceite se ponen unas habas tiernas, naturales o congeladas, y se hacen a fuego muy lento, siempre con aceite de oliva y sal al gusto. Si se prefiere se puede usar también pimientos italianos (largos), o bien freír pimientos y tomate con sal al gusto.

Magra de cerdo con costillejas

500 g de magra de cerdo
250 g de costillejas
1 cebolla
1 pimiento
1 tomate
2 patatas por persona
Fideos
Azafrán de pelo
Perejil
Cominos
Sal

Se fríen las costillejas y se ponen en una cazuela. En ese mismo aceite se fríe la magra. Se saca la magra y se pone a hervir con las costillejas durante una hora. Se le hace un sofrito de cebolla, pimiento y tomate.

Cuando la carne haya hervido se añade el sofrito, dos patatas por persona, los fideos, el azafrán, el perejil y los cominos y estará en 15 minutos.

Tablas de composición de los alimentos y calorías

Grupo I: Leche y sus derivados

ALIMENTO	Calorías	Hidratos de carbono	Proteínas	Grasas	Saturadas	Monoinsa-turadas	Poliinsatu-radas	Colesterol
Batido de cacao	109	12	4	5	2,7	1,2	0,1	14
Batido de fresa	64,2	11	2,8	1				
Crema de chocolate	132	21	3	4				
Crema de chocolate ligera	83	11	3	3				
Cuajada	89	7	4	5	3,5	1,3	0,2	25
Flan de huevo	138	25	5	2				
Flan de vainilla	118	22	3	2				
Helados	Muy variable. Ver etiqueta							
Horchata de chufa	70	12	1	2	0,5			
Leche condensada	337	55	9	9	5	2,7	0,2	34
Leche de vaca desnatada	32	5	3	0	0	0	0	12
Leche de vaca entera	68	5	3	4	2	1	0	14
Leche de vaca semidesnatada	50	5	3	2	1	0,5		9
Leche en polvo desnatada	369	52	38	1	0,6	0,2	0	0
Leche en polvo entera	486	37	26	26	14	7	0,8	120
Leche Puleva Omega 3	56	5	3,5	2,4	0,5	1,5	0,4	0
Leche Flora con ácidos grasos	56	4,2	2,8	3,1	0,4	0,7	2	0
Leche Flora semi con ácidos grasos	44	4,4	2,9	1,6	0,2	0,4	1	0
Mousses	192	26	4	8				
Natillas	128	20	3	4				
Petit Suisse azucarado	164	15	8	8				
Petit Suisse al chocolate	219	25	5	11				
Petit Suisse ligero	164	16	7	8				
Petit Suisse de sabores	177	16	8	9				
Queso de Burgos	175	4	15	11	6	3	0,3	97
Queso de Cabrales	384	2	22	32	18	9	1	
Queso Cheddar	406	0	25	34	19	8	1	110
Queso Enmental	408	2	28	32	18	10	1,7	100
Queso fresco desnatado	70	3	10	2				
Queso gallego	347	3	23	27	15	8	0,7	90
Queso Gervais natural	269	4	7	25				
Queso Gervais natural ligero	144	4	14	8				
Queso Gorgonzola	359	1	19	31				
Queso Gruyere	403	2	29	31	17	9	0,8	100
Queso holandés de bola	349	2	29	25				
Queso manchego curado	420	1	32	32	17	9	0,8	100
Queso manchego fresco	329	0	26	25	14	7,2	0,8	0

ALIMENTO	Calorías	Hidratos de carbono	Proteínas	Grasas	Saturadas	Monoinsa-turadas	Poliinsatu-radas	Colesterol
Queso manchego semicurado	381	1	29	29	15	8	0,8	0
Queso en porciones	274	2	17	22	3,7	6	0,6	93
Queso parmesano	393	2	40	25	14	7	1,2	100
Queso Roquefort	364	0	19	32				
Queso Sveltesse	129	5	16	5	3	1,3	0,1	25
Queso tipo Camembert	312	4	20	24	15	6	0,6	99
Requesón	96	1	14	4	2,4	1	0,1	25
Requesón Miraflores	164	5	9	12				
Yogur de chocolate	114	21	3	2				
Yogur de vainilla	106	17	5	2	0,7	0,3	0	6
Yogur desnatado con frutas	88	18	4	0	0	0	0	
Yogur desnatado de sabores	84	17	4	0	0	0	0	
Yogur con frutas	90	15	3	2				
Yogur natural	59	5	3	3				
Yogur natural azucarado	103	16	3	3	2	0,8	0,2	12
Yogur natural desnatado	44	7	4	0	0	0	0	0

Grupo II: Carnes, pescados y huevos

CARNES	Calorías	Hidratos de carbono	Proteínas	Grasas	Saturadas	Monoinsa-turadas	Poliinsatu-radas	Colesterol
Bacón	657	1	8	69	28	27	7	100
Butifarra	240	0	15	20	7,5	8	1,5	72
Cabrito	112	0	19	4				
Callos	83	0	14	3				
Carne magra de cerdo	152	0	20	8	3	3	0,6	65
Carne magra de ternera	125	0	20	5	2	2	0,2	59
Carne picada	249	0	15	21				
Carne semigrasa de cerdo	271	0	16	23	8	9	1,8	72
Carne semigrasa de ternera	257	0	17	21	8	8,7	0,7	65
Chorizo	384	2	22	32	11	13	2	72
Chuletas de cerdo	321	0	15	29	10	12	2	72
Chuletas de cordero	225	0	18	17	7	5	0,7	78
Chuletas de ternera	257	0	17	21	7,5	8	0,7	65
Codorniz	110	0	23	2	0,7	0,5	0,5	45
Conejo	137	0	23	5	1,6	1	1,5	71
Costillas de cerdo	275	0	17	23	8	9,5	2	80
Costillas de cordero	225	0	18	17	8,7	6	0,5	78
Foigras, patés	454	5	14	42	15	15	4	255
Gallina	366	0	24	30	9	12	6	75
Ganso	278	0	29	18	6,8	6,3	2,1	75
Hígado	132	5	19	4	2	1	1	360

CARNES	Calorías	Hidratos de carbono	Proteínas	Grasas	Saturadas	Monoinsaturadas	Poliinsaturadas	Colesterol
Jamón cocido tipo York dulce	358	1	21	30	10	11	2	70
Jamón serrano magro	192	0	30	8	3,4	4,1	0,5	
Liebre	137	0	23	5	1,6	1	1,5	71
Lomo de cerdo	289	0	16	25	9	11	1	72
Lomo embuchado	380	0	50	20	7	8	2	69
Longaniza	152	0	20	8	3	3	1	120
Morcilla	143	0	20	7				
Mortadela	299	0	14	27	9	11	2	72
Paletilla de cordero	243	0	18	19	7	6	1	78
Pato	214	0	22	14	4	6	3	75
Pavo	191	0	32	7	4	2	1	93
Perdiz	110	0	23	2	1	0,5	0,5	43
Pierna de cordero	243	0	18	19	7	6	1	78
Pollo	129	0	21	5	1,5	1,7	0,8	87
Salami	462	2	19	42	15	17	3	80
Salchichas Frankfurt	240	3	12	20	7	7	2	65
Salchichas frescas	304	0	13	28	9	10	2	72
Salchichón	454	2	26	38	13	15	3	72
Sangre	81	0	18	1				
Sesos	112	0	10	8	2	1,5	0,8	2200
Sobrasada	384	2	22	32	11	12	2	72

PESCADOS	Calorías	Hidratos de carbono	Proteínas	Grasas	Saturadas	Monoinsaturadas	Poliinsaturadas	Colesterol
Anchoas	165	1	20	9	2,3	3	2,8	95
Anguilas	218	0	14	18	4,5	7	4,5	70
Angulas	208	0	16	16	3	9	1,4	55
Arenques	153	0	18	9	1,8	4	1,6	70
Atún	200	0	23	12	0,2	0,1	0,4	50
Bacaladilla	77	0	17	1				
Bacalao fresco	86	0	17	2				
Besugo	86	0	17	2				60
Bonito	138	0	21	6				
Boquerón	130	1	18	6	1,5	1	2	
Caballa	154	1	15	10	2	3,5	2	80
Carpa	117	0	18	5	1	2	1	65
Caviar	249	4	29	13				440
Caviar, sustituto	113	3	14	5	1	1	2,5	320
Chanquete	79	2	11	3				
Dorada	77	0	17	1				
Gallo	73	0	16	1	0,2	0	0,5	71
Huevas frescas	114	0	24	2	0,2	0,3	0,5	500

PESCADOS	Calorías	Hidratos de carbono	Proteínas	Grasas	Saturadas	Monoinsaturadas	Poliinsaturadas	Colesterol
Jurel	131	1	16	7				
Lenguado	77	1	16	1	0,1	0,2	0,4	60
Lubina	85	1	18	1	0,2	0,4	0,3	70
Merluza	90	1	17	2	0,5	0,2	1	50
Mero	118	0	16	6	1	2	3	50
Mújol	131	1	16	7	2	1,5	2,5	40
Palometa	129	0	21	5				
Pescadilla	77	1	16	1	0	0,2	0,3	110
Pez espada	108	1	17	4	1	1,3	1	40
Rape	86	0	17	2	0,5	0,1	1	50
Rodaballo	104	1	16	4				65
Salmón	184	0	19	12	2,8	4	3	70
Salmonetes	100	2	14	4	1	0,8	0,5	45
Sardinas	148	1	18	8	2,4	1,6	2	100
Trucha	67,6	0	16	0,4	0,4	0,7	1	80

MOLUSCOS Y CRUSTÁCEOS	Calorías	Hidratos de carbono	Proteínas	Grasas	Saturadas	Monoinsaturadas	Poliinsaturadas	Colesterol
Almejas, chirlas	53	0	11	1	0	0	0,2	40
Berberechos	53	0	11	1	0	0	0,2	40
Calamares	77	0	17	1	0,3	0	0,4	220
Cangrejo, nécora	125	0	20	5	0,7	1	2	100
Centollo	125	0	20	5	0,7	1	2	100
Cigalas	69	0	15	1	0,1	0,1	0,2	150
Gambas y similares	93	0	21	1	0,1	0,3	0,5	150
Langosta	90	0	18	2	0,2	0,3	0,7	150
Mejillones	70	2	11	2	0,3	0,3	0,5	100
Ostras	53	1	10	1	0,3	0,1	0,4	50
Percebes	65	0	14	1				
Pulpo	57	1	11	1	0,3	0,3	0,3	50
Vieiras	85	0	19	1	0,2	0	0,2	40

CONSERVAS DE PESCADO, CRUSTÁCEOS Y MOLUSCOS	Calorías	Hidratos de carbono	Proteínas	Grasas	Saturadas	Monoinsaturadas	Poliinsaturadas	Colesterol
Almejas y berberechos	62	0	11	2	0,5	0,5	0,8	45
Anchoas en aceite	205	0	22	13	3	4	2,5	75
Atún, bonito y caballa en aceite	285	0	24	21	3,2	7	9,5	65
Atún, bonito y caballa en escabeche	168	0	15	12	2,6	4	2,6	80

CONSERVAS DE PESCADO, CRUSTÁCEOS Y MOLUSCOS	Calorías	Hidratos de carbono	Proteínas	Grasas	Saturadas	Monoinsa-turadas	Poliinsatu-radas	Colesterol
Bacalao seco	298	0	70	2	0,5	1	0,5	52
Calamares	86	0	17	2	0,5	1	0,5	54
Mejillones	83	2	12	3	0,4	0,5	0,7	100
Salmón ahumado	170	0	20	10	2,5	4	2,6	90
Sardinas en aceite	205	0	22	13	2,2	6	2,2	100
Sardinas en escabeche	136	1	15	8	2,3	1,6	2	100

HUEVOS	Calorías	Hidratos de carbono	Proteínas	Grasas	Saturadas	Monoinsa-turadas	Poliinsatu-radas	Colesterol
Huevo	151	1	12	11	3,4	4,4	1,4	500
Clara de huevo	44	1	10	0	0	0	0	
Yema de huevo	340	0	16	33	10	13	4,3	1.500

Grupo III: Patatas, legumbres y frutos secos

LEGUMBRES	Calorías	Hidratos de carbono	Proteínas	Grasas	Saturadas	Monoinsa-turadas	Poliinsatu-radas	Colesterol
Garbanzos	345	55	20	5	1,3	1,9	1,8	0
Judías	301	54	19	1				0
Lentejas	330	55	23	2	0,3		0,7	0
Patatas	80	18	2	0	0	0	0	0

FRUTOS SECOS	Calorías	Hidratos de carbono	Proteínas	Grasas	Saturadas	Monoinsa-turadas	Poliinsatu-radas	Colesterol
Albaricoque seco	209	45	5	1				0
Almendras	564	4	20	52	4	34	9	0
Almendras tostadas	625	7	21	57	4	32	13	0
Avellanas	571	5	14	55	4	38	5	0
Cacahuetes	590	9	26	50	8	21	13	0
Castañas	154	32	2	2	0,7	0,7	0,3	0
Ciruelas secas	153	33	3	1				0
Dátiles secos	244	58	3	0	0	0	0	0
Higos secos	238	51	4	2				0
Melocotones secos	108	26	1	0	0	0	0	0
Nueces	570	30	18	42	5	7	30	0

FRUTOS SECOS	Calorías	Hidratos de carbono	Proteínas	Grasas	Saturadas	Monoinsaturadas	Poliinsaturadas	Colesterol
Pepitas de girasol	579	21	27	43	4,5	5	28	0
Piñones	660	15	15	60	5	9	40	0
Pistachos	586	16	18	50	6	31	6	0
Uva pasa	288	70	2	0	0	0	0	0

Grupo IV: Verduras y hortalizas

VERDURAS	Calorías	Hidratos de carbono	Proteínas	Grasas	Saturadas	Monoinsaturadas	Poliinsaturadas	Colesterol
Acelgas	28	5	2	0	0	0	0	0
Ajos	112	23	5	0	0	0	0	0
Alcachofas	20	3	2	0	0	0	0	0
Batatas y boniatos	92	22	1	0	0	0	0	0
Berenjenas	16	3	1	0	0	0	0	0
Calabacín	28	6	1	0	0	0	0	0
Calabaza	28	6	1	0	0	0	0	0
Cebolla	44	10	1	0	0	0	0	0
Cebolla tierna	40	9	1	0	0	0	0	0
Champiñón	24	4	2	0	0	0	0	0
Col lombarda	20	4	1	0	0	0	0	0
Col rizada	24	4	2	0	0	0	0	0
Coles	20	4	1	0	0	0	0	0
Coles de Bruselas	57	8	4	1	0	0	0	0
Coliflor	20	3	2	0	0	0	0	0
Endibia	24	4	2	0	0	0	0	0
Escarola	24	4	2	0	0	0	0	0
Espárragos	16	2	2	0	0	0	0	0
Espárragos en lata	20	3	2	0	0	0	0	0
Espinacas	16	1	3	0	0	0	0	0
Guisantes congelados	60	10	5	0	0	0	0	0
Guisantes frescos	88	16	6	0	0	0	0	0
Judías verdes	28	5	2	0	0	0	0	0
Lechuga	12	1	2	0	0	0	0	0
Nabos	24	5	1	0	0	0	0	0
Pepino	16	3	1	0	0	0	0	0
Perejil	33	3	3	1	0	0	0	0
Pimiento	20	4	1	0	0	0	0	0
Puerros	40	8	2	0	0	0	0	0
Rábanos	16	3	1	0	0	0	0	0
Remolacha	32	7	1	0	0	0	0	0
Tomate	20	4	1	0	0	0	0	0
Trufa	64	7	9	0	0	0	0	0
Zanahorias	36	8	1	0	0	0	0	0

Grupo V: Frutas y sus derivados

FRUTAS	Calorías	Hidratos de carbono	Proteínas	Grasas	Saturadas	Monoinsa-turadas	Poliinsatu-radas	Colesterol
Aceitunas negras	294	4	2	30	3,8	19	3	0
Aceitunas verdes	137		1	13	1,5	8	1	0
Aguacates	134	1	1	14	1,4	9	1	0
Albaricoques	44	10	1	0	0	0	0	0
Arándanos	32	7	1	0	0	0	0	0
Caquis	68	16	1	0	0	0	0	0
Cerezas	60	14	1	0	0	0	0	0
Chirimoyas	84	20	1	0	0	0	0	0
Chufas	416	46	4	24	3,8	15	2	0
Ciruelas	48	11	1	0	28	2	0,8	0
Coco fresco	352	4	3	36	36	0	0	0
Dátiles	296	72	2	0	0	0	0	0
Frambuesas	45	8	1	1	0	0	0	0
Fresas	41	7	1	1	0	0	0	0
Granada	32	8	0	0	0	0	0	0
Higo chumbo	36	8	1	0	0	0	0	0
Higos y brevas	68	16	1	0	0	0	0	0
Jinjoles	104	25	1	0	0	0	0	0
Kiwi	52	12	1	0	0	0	0	0
Mango	64	15	1	0	0	0	0	0
Mandarina	40	9	1	0	0	0	0	0
Manzana	52	12	1	0	0	0	0	0
Melocotón	48	11	1	0	0	0	0	0
Melón	28	6	1	0	0	0	0	0
Membrillo	28	7	0	0	0	0	0	0
Moras	37	6	1	1	0	0	0	0
Naranja	40	9	1	0	0	0	0	0
Nectarina	72	17	1	0	0	0	0	0
Nísperos	48	12	0	0	0	0	0	0
Peras	52	12	1	0	0	0	0	0
Piña	48	11	1	0	0	0	0	0
Plátanos	100	24	1	0	0	0	0	0
Pomelo	32	7	1	0	0	0	0	0
Sandía	24	6	0	0	0	0	0	0
Uvas	68	16	1	0	0	0	0	0

CONSERVAS DE FRUTAS	Calorías	Hidratos de carbono	Proteínas	Grasas	Saturadas	Monoinsa-turadas	Poliinsatu-radas	Colesterol
Compota	72	18	0	0	0	0	0	0
Jaleas	260	65	0	0	0	0	0	0
Macedonia de frutas en lata	100	25	0	0	0	0	0	0
Melocotón en almíbar	88	22	0	0	0	0	0	0
Mermeladas	280	70	0	0	0	0	0	0
Mermeladas sin azúcar	140	35	0	0	0	0	0	0
Piña en almíbar	84	21	0	0	0	0	0	0

Grupo VI: Cereales, pan, pasta, arroz y azúcar

ALIMENTO	Calorías	Hidratos de carbono	Proteínas	Grasas	Saturadas	Monoinsaturadas	Poliinsaturadas	Colesterol
Anillos con avena (Nestlé)	394	70	15	6	1	2	2	0
Arroz	350	75	8	2				0
Arroz inflado chocolateado	381	88	5	1				0
Arroz inflado tostado	377	85	7	1				0
Cereales integrales, All Bran	241	43	15	1				0
Copos de arroz con miel	369	85	5	1				0
Copos de maíz tostado	373	83	8	1				0
Espaguetis	362	74	12	2				0
Germen de trigo	285	24	27	9	1,5	1,5	5	0
Harina de soja	451	24	37	23				0
Harina de trigo	369	81	9	1				0
Lasaña	362	74	12	2				0
Macarrones	362	74	12	2				0
Maíz	324	63	9	4	0,5	1	1,5	0
Maíz inflado con miel	380	90	5					0
Pan blanco	273	58	8	1				0
Pan de avena	201	40	8	1				0
Pan integral	237	49	8	1				0
Pan de Viena	275	53	9	3				0
Pan tostado integral	367	75	10	3				0
Pan tostado	307	60	10	3				0
Pastas al huevo	355	70	12	3				0
Tapioca	337	80	2	1				0

BOLLERÍA Y PASTELERÍA	Calorías	Hidratos de carbono	Proteínas	Grasas	Saturadas	Monoinsaturadas	Poliinsaturadas	Colesterol
Bollos	482	65	6	22				
Bizcocho	350	78	5	2				
Bizcocho de chocolate	462	50	7	26				
Buñuelos	464	65	6	20				
Croissant	364	38	8	20				
Croissant chocolate	479	80	6	15				
Donut	479	80	6	15	9	4	0,5	130
Ensaimada	482	65	6	22				
Galletas	483	62	7	23				
Galletas chocolate	544	67	6	28				
Galletas saladas	452	75	11	12	7	4	0,4	130
Galletas tipo María	450	74	7	14	8	4	0,5	
Magdalenas	482	65	6	22				
Pastas de té	479	80	6	15				
Pastel de manzana	311	40	4	15				
Pastel de manzana con hojaldre	479	80	6	15				
Pastel de queso	393	40	20	17				

AZÚCAR Y DULCES	Calorías	Hidratos de carbono	Proteínas	Grasas	Saturadas	Monoinsaturadas	Poliinsaturadas	Colesterol
Azúcar	400	100	0	0	0	0	0	0
Bombones	473	66	5	21	0	0	0	0
Chicle con azúcar	320	80	0	0	0	0	0	0
Chocolate	526	56	8	30	19	10	1	15
Miel	304	75	1	0	0	0	0	0
Turrones y mazapanes	484	57	10	24				

BEBIDAS	Calorías	Hidratos de carbono	Proteínas	Grasas	Saturadas	Monoinsaturadas	Poliinsaturadas	Colesterol
Aguardiente	271	0	0	0	0	0	0	0
Anís	320	0	0	0	0	0	0	0
Cava	65	0	0	0	0	0	0	0
Cerveza	35	0	0	0	0	0	0	0
Cerveza sin alcohol Bavaria	16	0	0	0	0	0	0	0
Cerveza sin alcohol Buckler	12	0	0	0	0	0	0	0
Cerveza sin alcohol Dann	8	0	0	0	0	0	0	0
Cerveza sin alcohol Turtel	20	0	0	0	0	0	0	0
Coñac	245	0	0	0	0	0	0	0
Ginebra	246	0	0	0	0	0	0	0
Licor Benedictine	342	0	0	0	0	0	0	0
Licor Curaçao	265	0	0	0	0	0	0	0
Licor de café	330	0	0	0	0	0	0	0
Licores dulces	375	0	0	0	0	0	0	0
Martini	223	0	0	0	0	0	0	0
Ron	246	0	0	0	0	0	0	0
Sidra	40	0	0	0	0	0	0	0
Vermut	130	0	0	0	0	0	0	0
Vermut dulce	170	0	0	0	0	0	0	0
Vino de mesa	73	0	0	0	0	0	0	0
Vino dulce: málaga, moscatel, oporto	163	0	0	0	0	0	0	0
Vino fino: jerez, manzanilla	121	0	0	0	0	0	0	0
Whisky	242	0	0	0	0	0	0	0

REFRESCOS	Calorías	Hidratos de carbono	Proteínas	Grasas	Saturadas	Monoinsaturadas	Poliinsaturadas	Colesterol
Aquarius	27	0	0	0	0	0	0	0
Bebidas de té	30	0	0	0	0	0	0	0
Bitter	48	0	0	0	0	0	0	0
Colas	48	0	0	0	0	0	0	0
Fanta	48	0	0	0	0	0	0	0

REFRESCOS	Calorías	Hidratos de carbono	Proteínas	Grasas	Saturadas	Monoinsa-turadas	Poliinsatu-radas	Colesterol
Isostar	27	0	0	0	0	0	0	0
Seven Up	30	0	0	0	0	0	0	0
Sprite	48	0	0	0	0	0	0	0
Tónica	48	0	0	0	0	0	0	0
Zumos de frutas	30	0	0	0	0	0	0	0

Grupo VII: Aceites y grasas

ALIMENTO	Calorías	Hidratos de carbono	Proteínas	Grasas	Saturadas	Monoinsa-turadas	Poliinsatu-radas	Colesterol
Aceite de maíz	900	0	0	100	15	26	44	0
Aceite de oliva	900	0	0	100	12	63	10	0
Aceite de soja	900	0	0	100	12	22	51	0
Aceite puro de cualquier clase	900	0	0	100	12	28	45	0
Bacón	471		12	47	48	22	7	62
Cacao	398	67	10	10	4	3	0	0
Manteca de cerdo	882	0	0	98	37	37	8	70
Mantequilla	720	0	0	80	45	24	2	230
Margarina	720	0	0	80	23	30	16	0
Mayonesa	710	0	2	78	12	45	13	260
Nata	448	2	2	48	25	14	1	140
Tocino	671	0	8	71	27	35	10	60

SALSAS Y APERITIVOS	Calorías	Hidratos de carbono	Proteínas	Grasas	Saturadas	Monoinsa-turadas	Poliinsatu-radas	Colesterol
Bechamel	115							
Ganchitos	502	57	10	26				
Gelatina	320		80					
Ketchup	104	24	2					
Mostaza	15							
Palomitas de maíz	530							
Patatas fritas, chips	540							
Polvo para flanes	341							
Vinagre	25							